成人之道

儒家文化大众读本

儒家伦理文化

梁国典 主编
唐凯麟 陈仁仁 著

山东教育出版社

编委会

总序

改革开放以来，孔子、儒学、传统文化的研究经历了一个从拨乱反正到恢复正常再到日渐升温直至热潮的过程，中国孔子基金会应运而生，起到了组织、引导和推动的作用。最近几年，似乎出现了一热一冷的局面：关于孔子、儒学、传统文化的学术研究日趋繁荣，硕果累累，而大众化的普及工作却没有跟上，不少人对孔子、儒学有隔膜，对儒家文化说不出个子丑寅卯来。有鉴于此，中国孔子基金会在坚持继续推动学术研究的同时，下决心抓一抓普及工作，除了借助电视、动漫、网络、讲座、《论语》普及工程、经典诵读工程等多种形式宣传孔子、普及儒学以外，还专门组织编写了这套“儒家文化大众读本”丛书，目的在于向国内外读者介绍儒家文化的基本知识，加深读者对儒家文化的理解，弘扬儒家文化的优秀传统，建设当代中国人的精神家园。

儒家文化是以儒学为基础发展起来的文化，是中国传统社会的主流文化。儒学与儒家文化既有联系，又有区别。儒学主要是指儒家的思想、理论、学说，儒家文化则是儒学走向社会、化成天下、移风易俗而形成的包括制度、礼俗、观念等在内的社会文化。儒学是儒家文化的源头活水，儒家文化是儒学的浩瀚长流。儒学通常为知识分子所掌握，儒家文化则为全体社会成员所接受。儒家文化比儒学拥有更丰富的内涵、更广阔的覆盖面和更广大的人群。儒家文化在汉代逐步形成，两千多年来，一方面，儒家文化昂扬直上，远播海外，形成了包括中国、朝鲜半岛、日本列岛和中南半岛在内的巨大的儒家文化圈；另一方面，儒家文化又以其居于轴心的地位，宽容、平和、理性地对待其他形态的文化和外来文化，博采众长，融会创新，不但引领着中国文化的发展方向，而且造就了中国文化的博大气象，塑造了中国人民勤劳勇敢、崇教重文、守礼义、知廉耻的国民性格，培育了自强不息、厚德载物的民族精神。不了解儒家文化及其价值，就谈不上了解中国本土文化及其价值。因不了解而不珍惜，“抛却自家无尽藏，沿门托钵效贫儿”，是近百年来一再发生的文化虚无主义偏向。今天，我们要做的，是尽力摸清我们的文化“家底”，认识“自家无尽藏”的价值，充分利用本土文化资源，广泛吸收人类文化的优秀成果，综合创新，建设社会主义先进文化。

编撰“儒家文化大众读本”丛书，主要目的是向读者传播有关儒家文化的知识，让读者对儒家文化有一个基本的认知，了解儒家文化的优点和特点以及儒家文化在当代社会的价值。为此，我们着眼于儒家文化9个大的方面拟出选题。“儒家文化大众读本”丛书是关于儒家文化的普及性系列作品，要求作者是专家、大家：专家搞普及，大家写小书。我们通过向社会招标、专家推荐等形式在全国选出了13位作者，完成了9个选题：儒家文化与中国古代教育（郭齐家著）、儒家法文化（俞荣根著）、儒家生态文化（乔清举著）、儒家伦理文化（唐凯麟、陈仁仁著）、儒家孝悌文化（舒大刚著）、儒家政治文化（林存光、侯长安著）、儒家礼乐文化（丁鼎、郭善兵、薛立芳著）、儒商文化（戢斗勇著）、儒家文化与世界（施忠连著）。这些著作都凝聚着作者在探索普及儒家文化方面花费的心思和工夫。

编委会明确要求，“儒家文化大众读本”丛书是在学术研究基础上的通俗性、普及性的介绍之作，富有经典性、文学性、教育性。首先，作者对儒家文化有精深的研究，能够深入浅出地予以表达，对某一专业做全面系统、客观忠实的说明和介绍，重点写那些仍有现代价值的、有助于人们认识儒家文化的内容。其次，在素材选择、主题提炼、行文风格上，都要融入现代意识，力求与时代精神相契合。再次，要充分吸收已有的研究成果，化用自己的文字予以表述，使用大众语言，舍去一些艰深聱牙的言辞，不使用学术语言，多使用叙述性、描述性的语言，要通俗易懂、活泼流畅、图文并茂、雅俗共赏。

其实，要写好一本大众普及读物是很不容易的。因为普及读物不仅要求文字浅显、可读性强，而且要求有学术含量，要体现学科前沿的研究成果；同时也彰显了作者的一种责任感和使命感。当年朱光潜先生以“给青年的第十三封信”为副标题，出版了美学佳作《谈美》。朱先生用通俗易懂的方式和明白晓畅的语言，顺着美从哪里来、美是什么及美的特点这一脉络层层展开，以一种对老朋友的语气娓娓道来，平易亲切，引人入胜，从而净化了读者的心灵，“引读者由艺术走入人生，又将人生纳入艺术之中”（朱自清语）。该书先后重印三十多次，成为具有科学性、普及性的经典之作。大家学者的风范告诉我们，一方面，大众读本不能写成艰深的学术著作，因为曲高和寡自然应者寥寥，普及变成空谈；另一方面，大众读本又不能没有学术含量，因为没有学术含量就失去了普及的意义。我们希望，这套丛书不仅能为国内外热爱孔子、儒学和中国传统文化的读者提供一种对儒家文化的生动的、通俗的介绍，而且能为国内外读者提供一种对儒家文化的有深度的认识，使读者在获得儒家文化的具体知识的同时，可以感受到儒家文化的内在精神，感受到中华民族的伟大生命力、创造力和凝聚力。

在“儒家文化大众读本”丛书中，儒家的教育文化、法文化、生态文化、伦理文化、孝悌文化、政治文化、礼乐文化、商文化，都在作者的如椽大笔下娓娓道来。我们力求把对孔子及儒家的研究转向当下日常生活，从生活中体认儒家之道，使孔子思想飞入寻常百姓家；把儒家文化中有价值的东西发掘出来，提炼出来，把它讲清楚，注意发掘中国文化中具有价值的理念，将它变成每个中国人的自觉，还要把它变成世界性的东西。一本好的文化普及读物，应该在完成这个使命中发挥自己的作用。

《儒家文化大众读本》编委会

目录

导言

传统儒家文化是一个博大精深、内涵复杂丰富的体系，然而在这个文化体系中，伦理道德问题始终是它致思的焦点和解题的路径，以至于我们一谈起儒家，就很容易想到“仁义礼智”“忠信孝悌”之类的伦理观念来。这表明儒家文化首先是一种伦理型的文化。中国传统文化由于以儒家文化为主体，也就不可避免地打上了深深的伦理道德的烙印，这就无怪乎一般认为中国传统文化从整体上讲，就是一种伦理型的文化。因此，了解儒家伦理文化，不仅对于了解整个儒家文化，而且对于了解整个中国传统文化都是十分重要的。本书作为一本通俗读物，旨在以深入浅出的语言，介绍儒家伦理文化的主要内容、致思路径、内在机理、价值目标和现代价值等，以使读者了解儒家伦理文化的全貌，珍视这一份宝贵的文化遗产。

儒家伦理概言之，是教人如何“成人”，如何在社会生活中扮演好自己的角色，主动自觉地承担起自己的责任，履行自己的义务，同时又能活出自己的人生境界，培养和成就某种圣贤品格。所以，可以说“成人之道”是儒家伦理的主题。它通过“礼乐教化”的规范（“礼”的作用）和陶冶（“乐”的作用）落实到了人伦日用之中，对于社会人生、民族性格和传统文明的形成和发展有着长远深刻的巨大影响。

儒家伦理的构架是以德性（美德）为中心，向社会群体与个体人生两个维度展开的。在社会群体维度上，主要是道德规范上的意义，但它同时又强调这种对道德规范的遵循乃是有人的内在德性作根据的，从而试图消除外在规范对个人道德自由的压抑。在儒家伦理思想中，规范乃是以德性为前提和基础的，因而儒家伦理从根本上说是一种德性伦理。儒家德性伦理的理论基石和背景是“天人合德”观，其直接的根据是“心性”论，当儒家把心性归之于“天”时，就赋予了其伦理道德以形上性和超越的境界。而若要将德性贯彻到具体的个体人生，则关涉到个体人生成就自身德性的进路问题。“尊德性”与“道问学”是儒家成德进路的两条基本线索。由于儒家孟子“人性本善”观的强大影响，儒家成德进路还是以尊崇德性从而发挥每个人本有的善性为主，所谓“问学”主要是为培养和发挥“德性”服务的。

在儒家看来，心性与德性的修养必须落实到个人的道德品质修养上来，否则就是空谈，而与伦理的实践性不相符，也不可能对实际社会人生产生长远的影响。道德品质修养的目的乃是要培养高尚的道德人格。道德人格与个人心理意义上的人格是不一样的，它是从人这个类意义上来讲的，儒家伦理严于人禽之别正体现了这一点。孟子认为，人与禽兽之间的区别非常非常小，只那么一点点，那就是人具有道德意识和道德品质，而禽兽没有。正是这么一点点区别，使人成为人，具有自己的人格。儒家认为，每个人之所以都有自己的人格，是因为每个人都有道德本性，但是由于人的道德本性的隐显与发挥程度不同，因而使得人格的境界有高低之分，从小人到士君子，再到贤人、仁人，最后到最高的理想人格圣人，这是儒家道德人格塑造的进路。儒家伦理不论是讲心性，还是讲人伦；不论是讲待人接物，还是讲治国平天下，都是围绕“成人之道”，教人成就自己的高尚人格这个中心展开的。而贯穿于不同层次人格之始终的则是“德性”。德性有深浅广狭之分，通过修养可将德性培植和扩充，修养到哪个层次就可以扩充到哪个层次，所以先秦儒家经典《大学》告诉我们：“自天子以至于庶人，壹是皆以修身为本。”

儒家意识到，个体人格修养的成果，必须放在广泛的社会关系中才能获得检验。所以，人格修养绝对不是独自一人关起门来就可以实现的，它必须在社会人伦中才能完成。伦，是条理的意思；人伦就是人与人之间有条理的关系，或者说是人际关系应该遵循的道理。这种条理或道理是通过伦理道德来疏通和达成的。

儒家伦理把社会上人与人之间的关系条理化为五种关系，即所谓五伦：君臣、父子、夫妇、兄弟、朋友。除了君臣关系，其余四种关系一般来讲是古往今来每个人在他一生中都会遇到的最基本的社会关系。事实上，这里没提到的一些社会关系一般地说，也可以归入这五种关系当中的一种或多种之中。比如师生关系在古代可以归之于父子关系，因为古人有“一日为师，终身为父”的观念；在现代也可归之于朋友关系，因为师生之间人格平等，可以互相切磋学问，共进于道。有人可能会说，现在没有了君臣关系，所以这五伦的概括不具备超越古今的适用性。然而就君臣关系的某些性质而言，现代的上下级的关系、领导者与被领导者之间的关系也是可以参照君臣关系的。当然，在现代社会，传统的人伦关系只能起到一种可资借鉴的参考作用，而不能简单地取代现代人的丰富复杂的社会关系。因为在新的社会条件下，人与人之间的各种关系不仅应该有新的具体形式与之相适应，而且产生一些新型的社会关系也是不可避免的。

应该指出的是，在长期的君主专制统治下，传统社会五伦关系中除了朋友关系，其他四种关系都主要表现为一种单向性的义务关系，即强调臣、子、妻、弟这一方对相应的另一方君、父、夫、兄的遵从甚至绝对服从。历史地看，这对于稳定封建等级秩序曾经起到十分重要的作用，但是显然不适用于注重人的个体性、主体性的近代启蒙价值影响下的现当代社会人生。不过我们也应该注意到，儒家伦理也有一种对五伦关系作双向性界定的传统。所谓双向性，即同时考虑人伦关系的双方，而不是只强调一方对另一方的片面的责任和义务。比如孟子就讲到君仁臣忠、父慈子孝、夫和妇顺、兄友弟恭、朋友有信的双向义务。这些双向性伦理关系的界定体现人与人之间的相互理解和相互尊重，它对传统社会的人伦关系也有深刻而实质性的重大影响，对处理好现代社会人际关系还是具有积极的借鉴意义的。

处于各种社会关系之中的人都有各自的道德义务或相应的道德行为规范。道德规范有很多，儒家伦理概括了五种最基本的道德规范，即“五常”。常，是恒常不变的意思，所以“五常”也就意味着这五种最基本的道德规范比其他道德规范具有更为恒常性和基础性的地位和作用。

“五常”德目所指有不同说法，通常是指仁、义、礼、智、信。

它们是贯穿于个体人格修养与社会人伦关系的五种最基本的德目。这五种德目在儒家创始人孔子那里就已经受到重视，随后孟子又尤为关注其中的仁、义、礼、智四德，并把它们上升为人人心中都具有的先天道德观念。而最早提出“五常”这个概念的是汉代大儒董仲舒，他把被孟子忽略了的“信”补入其中，从而构成了仁、义、礼、智、信五常。在儒家那里，五常诸德目之间的重要性是不一样的，依仁义礼智信之序，一般排在前面的比排在后面的要更重要些。比如，仁是最根本的，它可以包含后面诸德，做到了仁也必然做到了义礼智信诸德，否则不能叫仁。义礼智信诸德又都应该从仁德出发才能真正实现。

董仲舒提出“五常”的目的是为维护等级制度的“三纲”服务的。三纲对五伦中君臣、父子、夫妇这三伦作了特别强调。纲是准绳法度的意思，三纲的根本精神是臣、子、妇这些处下者要相应地对君、父、夫这些居上者绝对服从。仁义礼智信诸德都要体现在这种绝对服从上。所以传统社会往往将“三纲”与“五常”连称。显然，这种意义上的“五常”随着时代的变迁必会失去它的价值。但是，如果我们把“五常”从它的具体社会条件中抽离出来，放在更广阔的社会人生语境中来考察，就会发现它具有某种普遍的意义和价值，至今它仍然可以作为指导人际关系的道德行为规范，因为它从本质上还是教人如何做人。

儒家伦理中仁义礼智信等基本德目和所有伦理活动，其背后都含有儒家道德实践中一些更为一般性的方法论原则。比如“忠恕之道”的道德思维方法，“重义轻利”的行为选择价值模式，“中庸之德”的行为选择标准和“以权返经”的对待道德冲突的态度，等等。儒家伦理中的具体德目更容易受制于具体的时代条件而具有比较大的局限性，而这些一般性的方法论原则则在某种意义上更能够超越时代的限制而具有更加长久的价值。所以，相对于儒家伦理中的具体道德规范和德目而言，可以说，这些道德实践上的方法论原则更是儒家伦理的精华所在。

传统是历史的积淀，但并非历史本身。真正的传统不会因某个具体历史时期的终结而终结，它会依然以某种方式得以传承。不管你是自觉还是不自觉，不管你的立场是守传统还是反传统，可以说，每个人都要受到传统的制约。因为传统之所以为传统，就在于它通过长期的历史积淀已经内化、渗透进了每一个社会成员的心灵深处，成为一个民族所特有的文化心理结构的重要构成因素，是每一个个体和民族群体所无法回避和摆脱的。

民族传统是一种历史经验的凝结，虽然其中有不少不可避免地打上了深刻的历史烙印，成为一种过时的保守的力量，但由其中精华部分所构成的民族优良传统，却往往能超越历史时空的界限，成为一种文明的积累。它凝结着一个民族的智慧和力量，是一个民族迎接新的时代挑战的历史前提和内在动力。它能够唤起全体人民的历史责任感和民族使命感，激励全民族在新的历史条件下不断前进。现代化如果离开了对本民族优良传统的继承和弘扬，就会失去历史的根据，脱离民族精神的依托，成为一种外在的强加。每一个民族在走向新的社会进步时，都有一个如何对待传统文化的问题。比如，西方走向近代的开端，就是以希腊、罗马古文化的复兴为旗帜的。

一个民族的传统伦理道德文化又是构成该民族整个文化传统的核心部分，也是该民族文化传统的主要载体，因为任何一个民族的文化传统得以传承和延续的力量和原因，都不是以强制性的法律为前提的，也不是少数圣哲贤人的个人意志使然，而是由于民族成员的广泛认同。所以一个民族在走向现代的过程中，必须正确对待本民族的传统伦理道德文化。我国传统伦理道德文化的主体是儒家伦理文化，所以我们有必要发掘和弘扬传统儒家优秀的伦理道德文化，推动它的创造性转化与创新性发展，为中华民族的伟大复兴提供深厚的思想文化资源。

儒家与伦理

1988年1月24日澳大利亚《堪培拉时报》刊登了一篇发自巴黎的报道，题目是《诺贝尔奖获得者说要汲取孔子的智慧》。报道说："诺贝尔奖获得者建议，人类要生存下去，就必须回到25个世纪以前，去汲取孔子的智慧。"这是在第一届诺贝尔奖获得者国际大会上瑞典物理学家诺贝尔奖获得者汉内斯·阿尔文博士（Dr.Hannes Alfven）的发言主题之一，同时也成为了大会所得出的几条主要结论之一。那么，孔子的智慧是一种什么样的智慧呢？

孔子智慧最受关注的还是他的伦理智慧。比如孔子所倡导的"己所不欲，勿施于人"的伦理道德法则，在当代世界仍被认为是一种对不同文明和社会具有普适意义的伦理金规则。

孔子是儒家学派的创始人，他的伦理智慧在某种程度上决定了儒家思想文化的伦理型特征。又由于儒家思想文化在中国传统文化中居于主流地位，所以整个中国传统文化从总体上都表现为一种伦理型文化。儒家伦理文化又是一个包含了诸多层次的复杂体系，这就决定了它本身具有多方面性质相结合的特征。不管它有些什么特征，作为一种伦理文化最终必须要落实到人伦日用中来，要能够对人的现实生活产生影响，这是伦理的根本功能。伦理功能的实现，可以有很多途径，儒家伦理主要是通过礼乐教化来实现其对社会人生的影响。

一、文化主流

梁启超先生曾谈到儒家文化对于中国传统文化的意义。他认为研究儒家文化就是研究中国文化，尽管儒家之外还有其他各家，儒家文化不算中国文化的全体，但是若把儒家抽去，中国文化恐怕就没有多少东西了。梁启超先生此说在一定程度上道出了儒家文化在中国传统文化中的重要地位，即中国传统文化的主流非儒家文化莫属。

1. 主流之争

当然，某种文化的主流是什么，可以有理解上的差异。正因为这样，所以在何为主流的问题上往往会形成一些争论。有人说中国文化是儒道互补，有人说是阳儒阴法，有人说是儒佛道三教会通。这些说法都不无道理，但无论哪种说法都离不开儒家，都不得不与儒家发生联系。这正好体现了儒家文化的主流地位。其他文化不论是赞成，或是补益，或是批判儒家，都不得不正视儒家文化在社会上的力量、在人心目中的地位和它对人的道德价值观念的影响。

在中国传统社会，尽管在某些历史时期和某些地域，儒家文化可能不占主流，但那是很短暂的情形。纵览中国传统文化的巨流，那此起彼伏、绵延不绝的河体还是儒家。那波澜壮阔、惊涛拍岸的气势，那层出不穷、灿烂多姿的浪花，亦多因儒家弄潮所致。

儒家文化之所以在中国传统文化中地位如此之高，影响如此之大，主要是由于儒家文化与其他类型的文化相比有如下三个特点：一是重伦理，二是亲政治，三是尚教化。

儒家文化之重伦理这一特征与中国传统文化总体上的特征具有一致性，这是儒家文化能在中国传统文化中占据主导地位的首要原因。而伦理型文化之所以能居于主流，又主要是由于它能与传统中国社会的农业宗法型结构相适应。这种社会以血缘家族为基本构成单位，以血缘等级秩序为基本社会关系。儒家有以血缘亲情之爱为基本内容的“仁”的思想，还有区分等级关系的“礼”的思想。儒家正是以仁与礼为核心建构了一整套伦理道德体系，这套伦理道德体系正是为维护这一社会结构服务的。由此，儒家文化才能够在传统中国社会盛行，并持存不衰。

汉武帝时代，董仲舒“罢黜百家，独尊儒术”的主张被官方接纳，于是儒学上升为官方意识形态。从此，儒学就与上层政治紧紧地绑在一起了。尽管此举对于儒家学术之利弊颇有些争议，但毫无疑问，这为儒家学说的传播提供了制度保障，使它比其他学说有更好的条件得到更广泛的传播。在传统中国，国家以对于儒家经典中的思想和学问的熟悉程度，乃至以对儒家所提倡的伦理道德的践履程度，作为选拔政府官吏的依据，如举孝廉之制、科举取士等，这就促使知识界人士、精英阶层必须学习并践行儒家思想。

儒家十分崇尚教化。儒家教化包括学校教育和社会感化两类，两者都以伦理道德为核心内容。社会感化，使得儒家伦理道德观念深入民间，形成淳厚的风俗习惯。学校也成了“风化之源”而不只是“求知之所”。这使得儒学在民间，在最广泛的人群中扎根，从而获得了较为广泛的社会基础。而官方与民间两相结合，使得儒学能够占据中国传统文化的主流地位，传承两千年而不绝。

2．“儒”的缘起

观其流而溯其源。儒家文化与中国上古社会重伦理道德的礼乐文明传统有着密切的关系。在传统中国，儒家文化可谓源远而流长。

“儒”最初是某一社会阶层的名称，在孔子之前就已经产生了。《说文解字》说：“儒，柔也。术士之称。”意思是“儒”指社会上的术士这一类人。术士为什么“柔”？“柔”是什么意思？郭沫若先生说，“柔”是指他们不从事生产劳动，四体不勤、手无缚鸡之力的筋骨之柔。这批人是没落贵族、高级游民。春秋之世，周王朝的贵族政治崩溃，“官失其守”。在这种社会变革的风暴中，原来一些“在官”并懂得礼乐知识的卜（占卜者）、史（史官，记载历史，管理图书等）一类人物破落了，失去了原来的地位，散落到了民间，变成了以相礼、教书为谋生手段和职业的“儒者”。相礼之业，主要是指负责日常丧祭和各种喜庆典礼。

上古中国文明是一种礼乐文明，礼乐在本质上属于伦理道德，而这种伦理道德是中国文明从发端开始就特别需要的。中国文明是内陆江河农耕文明。稳定的农耕要求有一个相应稳定的群体社会结构，稳定的群体社会结构需要强烈的伦理规范和道德精神来维持，需要个体融入群体，维护群体的秩序。所以中国文明从起源之时起就对伦理道德有一种强烈的诉求，终于造就了一种伦理型特征的文化。上古的礼乐文明与礼乐制度正是在这样的背景下产生出来的。这与西方海洋文明形成了鲜明的对比。海洋文明需要凭借海洋作对外贸易，面对海洋充满了不确定性与冒险，它所培养的民族性格就是征服。征服需要尽量准确地认识和把握对象，于是便形成了对象化的思维方式。对象化的思维方式引导古代西方哲人把整个世界当作对象去探讨它的本原，因而形成了强大的知识论传统。

东周之世，礼崩乐坏，礼乐制度与礼乐文明危在旦夕。术士之儒虽然破落，但他们依然是社会礼乐的承担者。他们通过赞礼、相礼等活动，在某种程度上保存了礼乐的伦理功能。加上他们又以教书为职业，从而继承并传播了传统经典中诗书礼乐的知识。这些术士之儒继承了礼乐文明的伦理道德传统，为孔子开创儒家学派准备了条件。

3．孔儒精神

孔子也是这没落的儒者阶层中的一员，但他以恢复周礼（包括乐）作为自己一生的职志，当然又非一般儒者可比。他把一般仅仅以相礼教书为营生的儒者称为“小人儒”，同时主张不做“小人儒”，要做“君子儒”（《论语·雍也》）。也正是从孔子开始，“儒”的含义便发生了重大变化，后来的儒或儒学主要是指孔子开创的儒家学派。孔儒与以前的术士儒在重伦理、亲政治与尚教化三方面有相似之处，但同时又存在着重大区别。其区别在于孔儒是作为道德家、政治家与教育家的自觉担当者，这种担当精神才是孔儒的真精神。正因为如此，儒家文化重伦理、亲政治、尚教化的特点才具有了更加深刻的内涵和更加深远的意义，儒家文化才显示出它的力量，发挥出它的特长，然后得以在中国传统文化中立足，并成为主流。

孔子

术士儒者只是各种典礼活动中亦步亦趋的赞礼者，而孔子则要发掘出礼乐中的伦理精神。典礼活动中升降进退等仪式只是外在的形式规范，而礼乐中的伦理精神则与人的内在德性相关。孔子认识到，没有内在德性的支持，外在的礼仪规范就没有多大意义，甚至会成为痛苦的枷锁。孔子之世的礼崩乐坏，在很大程度上是由于礼乐的外在形式与人的内在德性相脱离甚至背离。所以孔子之复周礼，并不是简单地恢复周礼的形式，更是要恢复周礼的内在精神。孔子很清楚，周公制礼作乐的重大意义就在于，以人的礼乐代替神的威权，以人的德性摆脱神性的束缚，让人依靠自己的道德力量解决自己的问题。孔子自觉担当起道德家的重任，从礼乐文明中提炼出一系列新的伦理精神。他以仁义为道德的根本内涵，以成德成圣为人生的理想，并把这种伦理道德取向应用于政治、社会、人生的各个层面和领域，使之成为塑造民族性格与精神的一种内在力量。

术士儒者依附于政治，隶属于新贵，他们只是想借此获得晋升之阶，使自己重获贵族的荣光。他们看不起新贵，但又知道自己无力回天，于是为了切身利益又不得不屈身以事之。孔子"其少也贱"，他也依附于政治与贵族，使自己重返贵族的行列。孔儒也主张"学而优则仕"。但孔儒与术士儒者的不同之处在于，孔儒的目的是为了以自己的"道"来影响政治，改造社会。孔子率领弟子周游列国，历尽艰辛，备尝被驱赶、围困、追杀和饥饿之苦。若仅仅是为了一己的富贵，以孔子的才智和名望，只需呆在国内就唾手可得。即使是在周游列国之际，受聘于他国作大官发大财的机会亦所在多有，而孔子不取。为何？就因为孔子有一种作政治家的自觉担当精神。他关心政治，他与国君贵族打交道，无非是为了推行自己的政治主张和治国之道。如果国君不能采用他的"道"，他绝不会苟且为官。孔子也知道这条路很难走，也偶有无奈之叹，但还是"知其不可而为之"。试问，如果没有一种政治家的自觉担当精神，怎能做到这样？一百年后，孔子的崇拜者孟子也是不辞辛劳地四处游说国君，劝他们重德行、施仁政，也是出于这样一种政治家的自觉担当精神。孟子"如欲平治天下，当今之世，舍我其谁也"（《孟子·公孙丑下》）的政治告白，正是儒家这种真精神的宣言。

孔子一生在政治上不得志，道不得行，所以主业还是从事于教育。但孔子之从事于教育，并不像术士儒者那样只教贵族子弟，以使自己有接近贵族的便利，而是秉承“有教无类”的原则，什么人都可以来学。术士儒者还在留恋官学的特权，而孔子已经开了私学的先河；术士儒者饱读经典文献不敢有丝毫的去取，而孔子却敢于删定六经以取其精华；术士儒者传播的只是文献上的知识，而孔子传授的更是做人的道理；术士儒者一意要改变自身的生活状况和社会地位，而孔子专心于改造人的心灵和价值观念等等。难道从这里不是很容易就能发现孔子有一种真正做教育家的自觉担当精神？正是这样一种教育家的真精神，使得“师”在传统中国社会有着崇高的地位。旧时民间家庭的中堂神位上多供奉着“天地君亲师”的牌位，寓意着天地、君王、祖先、老师是一体的。“师”，狭义是指大成至圣先师孔子，而广义是指孔子所开创的儒家传统中的教师。儒家喜欢当教师，因为可以传道。孟子把“得天下英才而教育之”当作“君子三乐”之一，因为可以通过培养天下的英才来改造社会人生。

术士儒者是卑微的，因为他们只是一种单纯的以赞礼、入仕、教书为养家糊口的职业。孔儒是高大的，因为他们具有以道德、政治、教育为毕生事业的自觉担当的真精神。无论是在政治上还是在教育上，儒家都以伦理道德精神为本。所以，儒家总是涌动着一股不能自已的道德冲动与济世情怀。正是这样，儒家文化才呈现出它与众不同的特征、确乎不拔的自信和沛然莫御的气势。

4．儒家流变

孔儒精神以伦理道德精神为本，我们不妨从伦理道德精神的角度对儒家流变作一概要式的了解。

儒家是先秦诸子百家中出现最早、影响最大的一家，当时就被称为“显学”。它创自春秋时期的孔子（前551—前479年），而成型于战国中后期的孟子（约前372—前289年）和荀子（约前340—前245年）。在姓后面加一个“子”字，是古人表达敬意的一种称呼，相当于我们现在讲的“先生”。

孔子思想的核心是仁和礼。仁是一种内在的爱己、爱人的精神。爱己不是自私自利，而是着眼于自身德性的修养与人格的完善，这就是儒家“为己”“成己”“立己”之仁；爱人是从对父母兄长的血缘亲情之爱推展开来的一种爱，有了这种爱，自然容易做到尊重自己和他人，自然容易做到遵礼而行，因为礼本身是缘人情而制定的。所以孔子主张仁与礼不相分，但偏重于更具内在性的仁德。孟子和荀子分别从不同角度继承了孔子学说，对孔子学说作了更深刻、更具体的理论发挥。孟子更重视仁，荀子更重视礼；孟子倡仁义，荀子倡礼义。前者是内在的，后者是外在的。内在是着眼于心性修养的“内圣”思路，外在是着眼于礼法制度的“外王”思路。两者共同维系着传统社会的运转。孟子思想的基础是性善论，荀子思想的基础是性恶论。关于性善论与性恶论，我们在有关章节会有详细介绍。孟子思想对于中国文化性格的影响更深远，这种影响主要表现在树立道德理想和培养道德自觉上。

儒家思想在汉武帝之前并不占社会思想的主流。秦朝以法家思想治国，汉初以黄老思想治国。只是到了董仲舒（前179—前104年）提出“罢黜百家，独尊儒术”并被汉武帝采纳之后，儒家思想才开始成为国家意识形态，成为中国传统文化的主流。董仲舒的根本主张是以纲常名教立国。纲常即“三纲五常”，名教即正名份、定尊卑之礼制和礼教。三纲五常就是礼制和礼教的具体内容，也就是说董仲舒把先秦儒家的礼制和礼教具体化为三纲五常之制和三纲五常之教。“三纲”即君为臣纲、父为子纲、夫为妻纲。这三纲所确立的基本伦理关系在先秦儒家那里还是双向性的，即强调君仁臣忠、父慈子孝、夫和妇顺，但上升为国家意识形态后就变成了单向性的，即君、父、夫三者拥有绝对权力，而臣、子、妻只有绝对顺从。这是对臣、子、妻三者的个体性和主体性的剥夺。“五常”就是仁、义、礼、智、信五种基本德性。在董仲舒这里，这五种德性是为使人自觉遵守三纲服务的。此外，董仲舒还有天子“受命改制”的“天人感应”神学思想，这也主要是为了以天的神秘力量来加强君主专制，来强化三纲之礼。

宋儒反对董仲舒从神格化的天那里为日常生活中的儒家伦常找根据的做法，因为神格化的天是一种外在于人的力量，会对人造成一种压迫，而如果要使纲常名教不对人造成一种外在压迫，就应该从人的内在德性中寻找遵守纲常名教的根据。这种思路正是孟子所极力提倡的，所以宋儒特别重视孟子，认为孟子是直承孔子的正统，宋儒则往往以直承孟子正统自命。这种思路就是一种内在超越的思路。所谓“内在超越”，就是从内在的心性修养功夫入手，来彰显每个人具有超越性的道德本性，并由此自觉自愿地遵守各种道德规范。在宋儒那里，这种道德本性就是他们“自家体贴”出来的“天理”。“天理”强调道德是人的天性。这里的“天”不是神格的，而是一种形上意义的哲学本体之天，也即作为道德之根据和根本原理的天。这就改造或超越了董仲舒神学意义上的天。在这一点上，宋儒显然比董仲舒进步。这样，孔子所少讲的超越层面的“性与天道”之类观念，经过孟子的开掘和宋儒的努力，在理论上真正建构起来了。宋代儒学中，无论是理学还是心学或者气学，在这一根本思路上具有一致性，即把儒学哲学化。从某种意义上说，宋明儒学主流可称之为理学，这不仅是因为程朱理学居于主流地位，更是因为其他各派除事功派之外，都以“理”为根本哲学范畴。理学派以天为理，是为天理；心学派以心为理，所谓“心即理”也；气学派以气为理。而无论是天理还是心理、气理，其所关注的主要内容都是伦理道德，然后用来指导现实的道德生活。所以，宋明儒学的哲学化，亦可称之为宋明儒学的理学化。狭义理学派的代表人物主要有北宋的周敦颐（1017—1073年）、程颢（1032—1085年）、程颐（1033—1107年），南宋的朱熹（1130—1200年）；心学派的代表人物主要有南宋的陆九渊（1139—1193年）和明朝的王阳明（1472—1529年）；气学派的代表人物是北宋的张载（1020—1077年）。我们在后面相关章节会涉及他们的思想。

宋明儒者这一思路，本意是发挥人的道德自觉，但由于只从内在心性上用功，并且片面强调“天理”等的规范性力量，从而使得社会上形成一种空谈心性、务虚不务实的风气，使得作为人的道德自觉之最终根据的“天理”变成了使人不自觉的和压迫人的力量。“存天理、灭人欲”之类禁欲主义，“假道学”之类道德虚伪，不务事功之类空头道德，都是其弊端。正是由于对这种种弊端的洞悉，儒学思想内部产生了南宋的与朱陆同时的陈亮（1143—1194 年）、叶适（1150—1223 年）的事功思想，清初颜元（1635—1704 年）、李塨（1659—1733 年）的实学思想，以及明代李贽（1527—1602 年）、明末清初黄宗羲（1610—1695 年）、顾炎武（1613—1682 年）、王夫之（1619—1692 年）和清代戴震（1723—1777 年）等思想家的社会批判、君主专制批判以及对心学、理学的批判思潮。不过这一实学思潮和批判思潮只是一时潮起，并没有行之久远，因为整个有清一代的官方思想依然是尊崇理学。

直到民国时期的新文化运动，对儒学的批判才真正颠覆了儒学的官方统治地位。思想传统不是一朝一夕能覆灭的，尽管儒学在现代经过了好几次大的批判，但其影响还是深远的。儒家思想和文化作为中国传统文化的主流，随着时代的变迁虽然迭经兴衰消长，但它的优秀成分、合理内核毕竟在漫长的历史发展过程中，曾经塑造了中华民族的民族精神和民族性格，深入到了国人的思维方式、价值理念、行为模式和审美情趣之中，从这个意义上，儒家还活着。儒家的历史命运在于接受时代的洗礼，实现创造性转化与创新性发展。

儒学从先秦的创立，经过了汉代的神学化、宋明的哲学化（理学化）、明清的实学化和内部批判以及现代的洗礼。其主线是伦

理道德，其所处理的是人与人、人与内在精神之间的关系问题，
它不重视人与物之间的关系问题，不重视对象化的分析型思维，因而从总体上讲它是缺乏科学精神的。这刚好与西方总体上的科学型思想文化传统形成了鲜明的对比。我们也没必要对这两种文化类型强作优劣的比较，它们都是适应各自社会文化环境而形成的，都对各自的社会文化产生过积极的影响。当然也正因为它们都有各自的弊端，所以在新的社会条件下，无论中国还是西方，新型的思想文化都应该以开放的心态融合中西、取长补短。

二、伦理之维

上文已经了解到儒家文化在中国传统文化中的主流地位，了解到儒家文化以伦理道德为根本精神以及儒家伦理道德的流变。下面我们具体来看看儒家伦理文化的一些基本特征。

1. 宗族性与政治性相结合

儒家伦理文化是家国一体的宗法制度下的伦理文化，是对宗法制的反映与维护。宗法制是以血缘宗族为基础建构起来的一种社会政治伦常制度，体现了宗族与政治的结合，是典型的家国一体。严格体现这一点的是周朝的封建制，即封邦建国制。封建制又有一个核心制度是嫡长子继承制。周天子让长子继承天子之位，把自己的庶子、亲属分封到各地作诸侯。长子就是

大宗，庶子就是小宗。各诸侯又有自己的长子、庶子，大宗、小宗，按同样的制度分封下去，只有长子大宗才能继承诸侯之位，庶子小宗被分封到各邑做大夫。这样周天子的天下就名副其实地成为了姬族一姓的天下了。家与国无论从结构还是性质上看都完全是同一的，这是同一性意义上的家国一体。

自秦朝实行郡县制之后，虽然某些朝代或多或少会封一些同姓王，但这时天子一姓的宗族网络已不可能像周朝那样在行政体制上覆盖全国，家国一体的意义与内涵也发生了变化和转移。天下依然是天子一家的天下，但它只体现在天子之位传嫡长子大宗这一点上，而这一姓之天下的维系靠的不是天子一姓的宗族网络，而是庞大的臣僚系统。因而这时的家国一体只体现在最高政治权力的承传上，但同样也是一姓兴则国兴，一姓亡则国亡。虽然在地方上，家与地方政权是分离的，其性质与结构不具备同一性，却具有一致性和同构性。在很大程度上地方社会的稳定有赖于各地大家族，而各地大家族又往往与臣僚系统有关联，于是家族就具有了国家政治上的意义。一个宗族往往形成一个自然村落，宗族权力也多是用宗法制，以大宗统小宗。一个宗族就像一个小王国，族长就像这个小王国里的皇帝一样拥有至高无上的权力，国家也承认宗族权力，也很需要族长、家长管理族众，借以稳定社会，巩固政权。这可称为同构性意义上的家国一体。

对以上社会制度的情形有了一些了解，我们就可以更好地理解儒家伦理文化宗族性与政治性相结合这个特点了。

孔子在与齐景公的对话中，把社会基本关系概括为君臣、父子两类。后来子思加入夫妇、兄弟、朋友构成五伦，而以“父子”居首。五伦中除了君臣、朋友，其他三伦都属家庭伦理。儒家为什么这么重视宗族性的家庭伦理？就是因为社会的结构是家国一体的。家是国的基础，由父子到君臣体现了由家到国、由宗族到政治、由孝到忠的逻辑。正因为是家国一体，所以家庭家族的稳定对国家的稳定有举足轻重的意义，家庭伦理可通之于政治、国家和整个社会。

在同一性家国一体的宗法制社会中，家庭伦理本身就是政治伦理，父子关系本身就是君臣关系，因而孝就是忠。“刑三百，罪莫大于不孝”，不孝就是不忠。而在同构性家国一体的宗法制社会中，家庭伦理不完全是政治伦理，父子关系不完全是君臣关系。在帝王一姓之家，可以说家庭伦理就是政治伦理，父子关系就是君臣关系，而在异姓权力之间，在天子与异姓臣僚之间，在臣僚与臣僚之间，就只存在政治伦理而不是家庭伦理了。但由于家国之间仍然具有性质与结构上的同构性，所以，儒家阐发了一套“移孝作忠”的结合宗族与政治权力的逻辑。这主要是为了解决对异姓权力的等级服从问题。在这一思路下，天子仍然是天下人的大家长，即使他与臣僚和下民不同姓；地方官成了父母官，老百姓成了子民，即使他们辈份不同乃至错乱或者根本不同姓。于是宗族性家庭伦理意义上的孝悌、遵礼无违也就与不以下犯上、谨守臣民之礼的政治伦理相通了。

2．规范性与主体性相结合

儒家伦理存在着这样一种二重性：一方面强调礼义规范，主张尊卑有序，要求人们视、听、言、动都必须按礼的规定办事，做到非礼不为；另一方面又注重人格独立，强调人在道德上的主体自觉。一方面提倡经世致用，注重人伦日用；另一方面又强调精神的价值和理想的追求。一方面主张因循持敬，和谐平稳；另一方面又讲“天地之大德曰生”，“苟日新，日日新，又日新”，注重变易革新等等。这两重性即道德的规范性与主体性结合在一起，这是儒家伦理的又一个特征。

儒家伦理的核心概念是“仁”，这个“仁”就充分体现了这种两重性的结合。从字源上讲，“仁”字就有两种解法：一是从人从二，二是从身从心。前者着眼于人与人之间的关系，后者着眼于个体身心的关系。尽管有人对“仁”字的构形有不同理解，比如说认为“二”这个构件并非数字“二”，而是重文符，但这也并不妨碍我们对“仁”字作人际关系义解。孔子明确讲“仁者爱人”，孟子讲亲亲、仁民、爱物，涉及到人与人之间的关系，殆无疑义。

关于身心为仁，《说文解字》所谓“古文仁，从千心”是最早的线索。但不为人们注意，或者说是不为人们理解。其实根据对近年出土儒家文献的释读和理解，我们已经知道这个字是由于“身”字与“千”字古文字形相近，而导致仁字的“身”这一构件误为“千”了。身心为仁这一字形结构对仁这一概念能提供什么新的信息呢？它表明“仁”有表示个体修养的含义，这种修养要体现在个体的身心调节上。

单纯从“仁”来看，其个体身心修养方面的内涵显示的是它的主体性，其人与人交往方面的内涵显示的是它的规范性。而这种规范性要通过礼来实现。仁与礼的关系是孔儒伦理的核心问题之一，这对关系正体现了人二为“仁”与身心为“仁”的结合，体现了道德的规范性与主体性的结合。仁者之爱发之于外，必须在礼节规范中实现；而礼节规范必须内化为人的内在自觉即仁，才会使人免于外在的束缚，从而使礼成为人的一种自由选择的道德行为。而要达到仁，靠的是自己而不是别人。“为仁由己”（《论语·颜渊》），“我欲仁，斯仁至矣”（《论语·述而》），即靠自己的身心修养，这就是仁的主体性。

没有主体的自我修养就没有仁德的培养，没有人与人的交往就没有仁德的发用，不以仁作为内核的礼就没有意义，没有礼的规范的仁就不会实现。无论从仁还是从仁和礼的关系来看，都包含着规范性与主体性的结合，两者结合所要达到的效果就是中和、和谐，一是个体身心的和谐，一是人际关系的和谐，最终是要达到社会总体的和谐。

3. 实践性与形上性相结合

就道德实践与道德认知相比较，儒家更重视道德实践。“仁者爱人”、“克己复礼为仁”、孝亲“无违”、“智者知人”等等，都主要是从道德实践的角度来理解德性的，它需要的是在现实生活中去实行，而不是口头上的空谈。孔子对仁、礼、孝、智等德目并没有作出知识论意义上的明确界定，而往往是因不同学生的提问而作出不同的回答，这正是一种道德实践的立场。因为实践是应该因人而异的，孔子的因材施教正是希望根据不同学生的不同情况作出指导，使他们在实践中能尽快找到正确的方向。从根本意义上讲，德性必须在实践中才能真正实现它的本质。

那么是不是说儒家就不重道德认知了呢？不是的。只不过儒家的道德认知与一般的认知不一样。一般的认知是完全对象化的，比如科学认知，要通过对对象作解剖分析，才能得出有关对象的客观知识，这种知识与人的情感状态是无关的。而儒家的道德认知，与其说是认知，不如说是体知。所谓体知，是说通过体验来认知。既然是体验，那么就与道德实践脱不了干系了，于是道德认知就是道德实践中的认知了。既然是体验，自然就把认知主体融入到对象中去了，因而道德认知也会因人而异，对同一德目的道德认知，自然也就会有境界层次之别。

儒家道德认知的目的是要寻找道德实践的根据，加强道德实践的力量，提高道德实践的境界。这种思路，把道德认知导向了一种形上性的认知。孟子尽心、知性、知天的思路，就是这样一种道德认知。认知的结果就是：道德实践的根据在心，然后向内上升为性，以至于天。这种形上性的道德认知，把道德当作了先天先验的东西，因而也是先于道德实践的。其本意是要把道德当作每个人内在的先天本性，从而加强道德实践的力量，使道德成为一种主体自觉的行为。但由于后世儒家在道德形上性这一方面的片面强调，使得这种道德本性越来越外在化，道德不但不是人的自由自觉的道德本性，反而成为一种外在的束缚力量，成为一种压迫人的东西，这就造成了道德上的虚伪。宋儒所谓“存天理、灭人欲”就是道德形上性的极端片面发展的结果，使得孟子那里内在的道德本性被外化成为天理了，以至于后世倡言心性、性理之儒多被视为空谈家，而与真正的道德实践越来越远了。所以宋明以降，儒家在心性一派主流之外，同时也形成了重实行的功利一派与之抗衡。这说明，儒家内部总有一股结合或平衡道德的实践性与形上性的力量。

三、礼乐教化

儒家崇尚教化，因为教化是使儒家伦理从思想观念形态向社会实践形态转化的基本途径。任何伦理道德观念，若要形成一种伦理道德文化，就必须深入到普通老百姓的日常生活之中，这就离不开教化。而教化的具体内容和方式则会因文化传统的不同而不同。儒家传统来自于上古的礼乐传统，因而儒家教化具体体现为礼乐教化。

1．富而后教

教化作为一种整合社会的力量，也需要有相应的社会条件才行得通。其中一个重要条件就是先让老百姓富起来，这一点往往因为儒家文化以伦理道德为核心以及重义轻利的价值取向而被忽略了。

据《论语·子路》记载：有一次，孔子到了卫国，感慨那里的人多，为他驾车的弟子冉有就问，人多了之后下一步该怎么办？孔子说，使他们富裕起来。冉有又问，富了之后该怎么办？孔子说，教化他们。这就是儒家“富而后教”的思想观念。先秦儒学大师孟子、荀子无不旗帜鲜明地主张“富而后教”，无不把富民当作教化的一个重要前提。

孟子曾经跟梁惠王说，如果你首先能使老百姓有得吃，有得住，死了能办得起丧事，得到祭祀，然后办好各级学校对他们进行教化，比如教他们孝悌的道理，使他们知道爱亲敬长，那么你这国家治理不好才怪哩。对孟子的这段议论，可以从教化的角度作如下几点理解：一是教化的前提条件是老百姓生活安定富足；二是办学乃教化的途径之一；三是教化的主旨是德教，并且可以具体化为培养孝悌之类的德性，具体的知识与技艺教育在其次；四是教化的目的是使政治和社会秩序安定和谐，实现王道政治。

儒家教化与一般教育的最大不同在一个“化”字。化，是感化的意思。教化就是某人以自身的德性来影响和感化周围其他人，使其他人也能效仿，从而具有这种德性。教化不是强制性的，其主要途径也不限于学校教育，它更看重的是日常生活中君子言行的示范作用。这里的示范作用，并不是说由某种机构树立一个道德楷模，让大家去学习，而是说君子在自己平常的待人接物中时时都在影响人、感化人。感化要能引起人在情感上的认同和共鸣，而不能以枯燥的道德教条来进行说教。

在儒家看来，君子在道德上对于小人而言有一种优先性。君子有以身作则感化小人，使之在道德上进步的责任。关于君子的感化力，儒家有一个很有名的比喻，说君子之德就像风一样，而小人之德就像草一样，风往哪个方向刮，草就往哪个方向倒。儒家所谓君子、小人不是只从道德上区分，以有道德为君子，不道德为小人；同时也从客观的社会地位上区分，以有位者、属统治阶层者为君子，普通老百姓、被统治者为小人。可见，儒家教化的主要对象是普通民众，这就叫“以德化俗”（《后汉书·曹褒传》），将德性生活深入到民众的风俗习惯之中。唯其如此，才能在全社会范围内形成良好的道德风尚，使社会上下和谐，实现国家的长治久安。

我们都知道，古有“礼不下庶人”一说。其中一个很重要的原因是庶人没有贵族身份，没有行礼的物质条件，又忙于农活而无暇治礼。也正因为如此，所以儒家主张让老百姓先富起来，以便有时间条件和物质基础来习礼、行礼。春秋之前，整个社会被分成互相悬隔的上下层级，上层贵族主要用礼来维系，而下层民众则主要用刑法来维系。自从孔子兴私学，情况就变了。孔子不仅仅只是将官学中的客观知识和技艺传授给普通民众，更重要的是将上层社会的伦理观念和道德精神向民众普及，通过教化，使得自天子以至于庶人都能以道德来维系。上层社会的道德体现在礼乐制度之中，因而儒家的教化形态主要表现为礼乐教化。礼乐制度与礼乐教化共同铸就了我国古代的礼乐文明。

2. 礼教

概言之，礼有礼制与礼教两个层次。礼制本是一种社会政治制度，西周初年周公将其完善化。礼制的核心是宗法制，宗法制的核心又是嫡长子继承制，而嫡长子继承制的主要内容是区别嫡子与庶子，分出大宗与小宗，根据血缘上的亲疏关系和等级差别来规定各自相应的政治权利与义务。所以礼制的根本精神是通过“别异”而将整个统治阶层纳入一个亲疏有等、尊卑有序的社会政治伦常秩序中来，这种秩序的约束力量既是一种制度的力量，也是一种道德的力量。

周公

周代古礼大体可分为吉礼、凶礼、军礼、宾礼、嘉礼五类，是为五礼。吉礼指祭祀之礼，凶礼指丧葬之礼，军礼指战事或田猎之类的礼，宾礼指诸侯对王朝的朝见以及诸侯间的聘问会盟之礼等，嘉礼指婚礼、冠礼、飨燕、立储之类以及诸侯间的庆贺、朋友间的宾射等等。这五礼的绝大部分内容是政治方面的，只有嘉礼中的婚礼、冠礼、飨燕之礼等与社会生活有关，而这种社会生活的主体也主要是政治上的贵族。所以，礼制实质上是一种关乎政治的和社会的制度上的设置。

孔子和儒家的贡献之一是把礼制转化为礼教。其表现有二：一是把贵族的礼仪行为化入普通民众的生活之中，使普通民众也能遵礼行事；二是把外在的道德规范内化为内在自觉的道德情感。比如，儒家很重视祭礼和丧葬之礼，这两种礼也是周代礼制中最重大的两种礼。周礼中的这两种礼主要是规定不同身份、不同等级的贵族有不同的祭祀权力、丧葬级别之类。这种身份与等级制度规范着人们的行为举止，因而礼便有了行为规范的含义。儒家认为普通民众也要有丧祭之礼，这是实现王道社会最基本的前提，因为丧祭之礼能使民风淳厚。诚如孔子的弟子曾子所言："慎终追远，民德归厚。"终就是死的意思，慎终就是指慎重对待丧葬之事。远，指逝去的祖先，追远即通过祭祀来追怀先祖的功德。

丧祭之礼为什么能使民风淳厚？民众可以通过观看贵族的丧祭之礼学习礼仪，并通过自身的丧葬实践来体验这些礼仪。这些都还只是外在的道德规范，儒家更为重视的是内在自觉的道德情感。丧祭之礼表达的是对父母、先祖的孝心，这种孝心是可以培养为一种内在德性的。百善孝为先，儒家把孝当作所有美德的源头。由此，丧祭之礼制就通过"礼仪"之教和"道德"之化，成了培养德性的手段，礼制就转化成了礼教。

礼教是为了唤起人们的内在自觉的德性，以此形成社会的道德风尚，这对于古代社会的和谐与长远发展曾起到非常积极的作用。孔子说："道之以政，齐之以刑，民免而无耻；道之以德，齐之以礼，有耻且格。"（《论语·为政》）意思是说，用法政的办法来引导人们，用刑罚来整治人们，只会使他们暂时免于犯罪，却不会使他们有廉耻之心。但是，如果用德性来引导人们，用礼教来开导人们，那么他们不但会有廉耻之心而且会心悦诚服。当然，这不是说儒家反对刑政，现实的国家治理不用刑政是不可能的。孔子的意思是就治理办法之高明程度而言，德教、礼教比刑政之教更高明、更有效，主要是因为这样能使人对秩序的遵循化为一种内在德性，成为一种自觉要求。

3. 乐教

礼教把外在礼仪规范内化为人的内在自觉与德性，还需要以乐教作为辅助手段，因为“乐”是直接作用于人心的。在古代，

编钟

乐是辅助礼的，比如典礼中的音乐和舞蹈，故合而言之，礼可以包括乐。但如果将二者分而言之，则各有内涵与特征，其基

本区别在于：礼自外作，乐由中出；礼主别异，乐主合同。礼自外作，所以礼仪规范容易流于外在表面的仪式。乐由中出，即乐是从人的内心发出来的，它可以在一定程度上化解这种礼仪的外在性，使得行礼之中的人沉浸于礼的氛围中。礼主别异，它强调的是等级差别，难免使上下不相亲，不相亲则难相谐。而乐主合同，它能触动在场每一个人的心弦，使人们沟通情感，产生共鸣。

儒家的礼乐教化之道，人们往往只注意到礼而忽视乐。原因可能有二：一是把乐归于礼，但又不太明白乐如何是礼；二是把乐单纯理解为技术性的音乐，可又不太明白这个音乐与道德教化有何关系。

以乐为礼，其实不太难理解。孔子曾经对鲁国权臣季氏以“八佾舞于庭”（《论语·八佾》）而气愤至极，说“是可忍也，孰不可忍也”。“是可忍孰不可忍”，是忍无可忍的意思。季氏在家里奏乐舞蹈，孔子至于那么气愤吗？原来这可不是小事情，也不是一般的贪图享乐，道德败坏，而是涉及到政治秩序的大事。所谓“八佾之舞”乃是八八六十四人方阵的乐舞，是只有天子才能用的。诸侯用六八四十八人方阵，大夫用四八三十二人方阵。季氏只不过一个大夫，他竟然敢用天子之乐，这是典型的僭越周礼，不尊周王。孔子一生以复周礼为己任，所以对此忍无可忍。从这里可见，乐也是一种礼，而且乐与礼一样也是一种重要的社会等级伦常制度。

乐又不仅仅是一种礼，它又是一种艺术，一种主要通过声音直接作用于人心的艺术。而乐之所以能够作用于人心，是由于乐本来就是从人心生发出来的。根据《礼记·乐记》的说法，乐是人心感物所形成的某种情绪的充分抒发与表达，其间经过了“声”与“音”两个阶段。这与诗的产生过程是一致的：情动于中而形于言；言之不足，故嗟叹之；嗟叹之不足，故咏歌之；咏歌之不足，不知手之舞之足之蹈之也。言和嗟叹都是“声”，咏歌为“音”，至手舞足蹈就为“乐”了。据说，《乐经》本是与《诗经》相配而行，《诗经》相当于歌词，《乐经》相当于乐谱，乐谱的作用就在于引导人口发出的这些语言文字之“声”应和排比而为“音”乃至“乐”。

正因为乐是由人心感物发“声”逐步形成的，所以要想产生平和之乐，首先就要有平和之心，于是正人心就成为了产生佳“乐”之本。而正人心，使人心态平所涉及的是道德修养的层面，所以《礼记·乐记》说“乐”是“通伦理”的，只有君子才真正“知乐”。佳乐产生之后，反过来又可以通过演习，使之收于人眼，入于人耳，从而使得演习者与听众、观众产生心灵上的共鸣，达到一种平和之境，还可使心灵长期处于平和之境，然后以这种经佳乐陶冶的平和之心待人、接物、处事，则无不平和中正，这就是乐教之效。乐教这种直接作用于人心的效果，被后世儒家发展为一种重视心性修养与心性教化的伦理道德传统。古代君子喜欢弹琴，正体现了一种乐教上的修养，而不仅仅是一种技艺上的训练。

“乐”一旦成为教化的工具，它在技术上的意义就在其次了。在儒家看来，隆重的音乐并非极其动听的音乐。古圣先王制礼作乐，并不是为了使人极口腹耳目之欲，而是为了教人摆正好恶之心而返回做人的正道。我们现在听到的那些典型的传统音乐，大都清越舒缓，不讲究高潮起伏，而总是趋于收敛平和，正体现了“乐主和同”而平息人心之不和谐、不中正的教化意义。当然传统音乐并不都是这种音乐，但儒家选取了这种音乐而成为一种乐教。

礼乐教化之道是儒家文化中一种基本的社会政治制度和道德伦理思想，它是在春秋时代礼崩乐坏的情势下出于拯救礼乐这一目的而形成的。孔子认为，当时的礼乐之所以崩坏的原因之一是礼乐都外在化了，都不与人的内在德性相关。先秦儒家自孔子开始赋予了礼乐以内在“仁”的精神，从而重铸了礼乐精神，为礼乐教化之道奠定了理论基础。

心性与德性

从上一章我们已经了解到儒家文化是一种伦理型的文化，那么儒家伦理有些什么具体内容呢？这是我们在接下来的几章里要加以介绍的。

儒家伦理以德性（美德）为中心，向社会政治与个体人生两个维度展开。在社会政治维度上，主要是道德规范上的意义，但同时又强调这种对道德规范的遵循乃是有人的内在德性作根据的，从而消除了外在规范对个人道德自由的压抑。在儒家伦理思想中，规范乃是以德性为前提和基础的，因而儒家伦理从根本上说是一种德性伦理。儒家德性伦理的理论基石和背景是“天人合德”观，其直接的根据是“心性”观，当儒家把心性归之于“天”时，就赋予了儒家伦理道德以形上性。儒家心性论的一个核心问题是人的本性善恶问题。而若要将德性贯彻到具体的个体人生，就关涉到个体人生成就自身德性的进路问题。“尊德性”与“道问学”正是儒家成德进路的两条基本线索。

一、天人合德：儒家伦理的理论基石

“德”是儒家伦理的根本范畴，指高尚的人品和行为。儒家伦理的根本任务之一就是培养有德性的人。儒家伦理中“德”

的观念来自于商周之交的天命观，其核心观念是“天人合德”，正是这种“天人合德”的观念，赋予了人的“德性”以力量。所以，“天人合德”是儒家伦理的理论基石。

1. “天人合一”的类型之辨

“天人合德”是“天人合一”的一种具体表现形式。要了解“天人合德”观念，有必要先了解一下“天人合一”的观念。

“天人合一”是中国传统哲学中的一个基本命题，对它的理解与界定有很多。儒家、道家及其他诸家大都讲天人合一，但各家各派赋予它的含义不同。

道家的天人合一是将人合于天，自然而然，不假人为。人合于天，表明道家看重的是人的自然本性，人只有顺着这个自然本性，弃绝圣智、仁义、巧诈等人为的东西，才能与天合一。在道家那里沟通天人的属性，即天与人所共有的属性，是“自然本性”。

儒家的天人合一是将天合于人，使天具有人的属性特征。而人之为人的根本属性之一是人的道德本性，即人是有德性的存在，而不是一个纯自然的存在。所以天合于人，表明儒家看重的是人的道德本性。在儒家这里沟通天人的属性，即天与人所共有的属性，是“道德本性”。

从儒道两家的天人合一观念来看：“天”有两种界定，道家把它界定为自然之天，儒家把它界定为道德之天；“人”也有两种界定，道家把它界定为自然性的存在，儒家把它界定为道德性的存在。所谓“合一”，必须要有某种共同的属性来贯通两者，不同性质的两个事物是谈不上合一的。不论是人合于天还是天合于人，其目的都是指导人如何在这个宇宙中生存、生活。

既然儒家的天人合一观念是合于天与人共有的道德本性，即“天”为道德之天，“人”为道德之人，因而在儒家思想中，天人合一就具体表现为伦理道德领域的“天人合德”了。

2. “天人合德”的人文内涵

儒家的天人合德亦有不同的类型，大体可以分为神学型与人文型两种。二者的实质都是把天合于人，其区别只在于：神学型在天德之上还有一层超越于人的神学色彩。若是把二者放在思想史的时间线索上看，人文型乃是从神学型产生，是抹掉神学型中的神学色彩之后形成的。这也可以作为人文精神脱胎于宗教神学的一个例子。

儒家神学型“天人合德”的伦理思想最初源于商周之交的天命观。这个“天命”主要是指政权的合法性。夏朝最后一个王——夏桀荒淫无道，但他还是认为他的统治像太阳一样稳固。那时关于王权合法性的主流观念是天命王权不会改变。以至于老百姓诅咒道：“这个太阳什么时候灭亡啊！我们愿与它同归于尽。”经过商汤灭夏、周武王灭商这两次大的革命行动，人们的观念开始转变了。西周初年，人们发现“惟命不于常”（《尚书·康诰》），“天命靡常”（《诗·大雅》），意思是象征政权合法性的天命并非固定不变。那么，如果天命要改变，它是根据什么来改变呢？根据“德”！“皇天无亲，惟德是辅。”（《尚书·蔡仲之命》）而有德无德的根据又何在？根据民心向背，民心所向表示你有德，民心所背表示你无德。为什么天命判断“德”的根据在民呢？因为“天视自我民视，天听自我民听”（《尚书·泰誓》）。所以统治者应该敬天保民，实质就是敬德保民，实现“德治”，使老百姓的日子好过。最初明确提出和论证这一观念的人是周公，他对儒家的德政思想影响很大。孔子非常推崇周公，做梦都想见到周公，当很久没有梦到周公时，他会感到失落。

上古天命意义上的“天人合德”，这个“天”是一个能施赏罚的神性的天，这个“人”则具体指掌握政权的最高统治者，即王者。天对王在德性上有认同，就表示天人合一了。这种天人合一的前提性的观念是“天人感应”，即统治者在政治上的得失会引起“天”的反应。

孔子也“畏天命”。但在他这里，“天”并非施赏罚的神性之天，也非自然之天，亦非统治者一个人或少数人的天，而是具有某种超越意义的与人的文化、义理相关的天。“畏”也并非一般的恐惧害怕的意思，而是敬重、心服之意，表示慎重对待，生怕没有理解把握好这个“天命”，因而孔子是主张“知命”的。孔子在无可奈何之时也会喊天，但天在孔子那里象征着一种文化担当意识，一种强烈的使命感。“天”是他的精神支柱，是他立身行事的道德力量之源。我们从《论语》和《史记》等文献资料中的两条相关记载，就可以很清楚地看出“天”的人文内涵和对于孔子的意义。下面我们具体来看一看。

我们先把《论语》中孔子在两种情形下所说的两段话列出来。一处在《论语·子罕》，其云：“子畏于匡，曰：‘文王既没，文不在兹乎？天之将丧斯文也，后死者不得与于斯文也；天之未丧斯文也，匡人其如予何？’”另一处在《论语·述而》，其云：“子曰：‘天生德于予，桓其如予何？’”

单从《论语》中我们看不出孔子说这话时的具体处境，要通过查阅《史记》和其他相关文献我们才会知道这两件事的原委和孔子说这话的背景。先看“子畏于匡”这件事。这里的“畏”是拘囚的意思，而不是害怕；匡，是地名，在今河南省长垣县西南匡城。事情是这样的：孔子周游列国，在离开卫国到陈国去的路上，经过匡地时，被匡人抓了起来。匡人抓孔子是出于误会，因为孔子与掠夺和残杀过匡人的鲁国大臣阳货长相十分相似。孔子在刚被抓时并不知道是误会，在生死未卜之际，孔子想到的是，自己的生死是与周文化的命运紧密联系在一起的。他说：“周文王死后，所有文化遗产不都在我这里吗？如果天真的要灭掉这种文化，那么我也就不会掌握这些文化了；如果天不希望灭掉这种文化，那么匡人能把我怎么样呢？”

另一件事可以称之为“桓魋欲杀孔子”。孔子离开曹国到了宋国，跟弟子在大树下演习礼仪。宋国权臣桓魋因为孔子批评过他的暴虐，又害怕孔子受到宋景公的重用而威胁到自己的权势，于是就派人去把大树给砍了，赶孔子师徒走，并扬言要杀孔子。孔子不紧不慢地离开了，他的弟子劝他快点逃，于是他说了这句话：

“我是按照天所赋予我的德性来行事的，那桓魋能把我怎么样？”

从这两件事中孔子所说的话可以看出，“天人合德”在孔子这里已经不是政权合法性意义上的天命合德，也不是天人感应意义上的天人合德，而是把天当作自己德性的根据和依据这种德性来行为的力量源泉。孔子不言怪力乱神，所以这个天并不是神性意义上的天，而是道德人文意义上的天。它不施赏罚，但能给人以力量。实际上这个力量来自于人对自己德性的自信和坚守。而天人合德中的“人”也就从政治天命中的统治者个人转向了某一类人——君子。孔子说：“君子怀德。”（《论语·里仁》）

孔子这种以天为人的德性之根据和力量之源的天人合德观，在孟子那里得到了进一步的发扬。孟子把人的德性化为一股充塞于天地之间的至大至刚的“浩然之气”（《孟子·公孙丑上》），使得天人合德更明确地体现为一种德性的力量。这种力量能在日常的道德实践中培养起一种大丈夫精神：“富贵不能淫，贫贱不能移，威武不能屈”（《孟子·滕文公下》）。后世真正的儒者大多有一种强烈的使命感和担当意识，有一种内在的精神力量，这种力量支撑着他们在恶劣的社会环境和个人处境中能够不畏艰险，坚持信念，勇于作为。这种力量正是自孔孟以来的人文型“天人合德”所赋予的。

4. “天人比德”的修德方法

儒家在德性培养上有一种重要的方法就是通过与天地自然“比德”来进行，这种方法充分体现了儒家人文型“天人合德”

临溪山居图
（清 · 王鉴　绘）

的观念。所谓“比德”就是用自然物的某些特征来比拟和象征人的某些德性和精神品质，然后人就从对这些自然物的这些特征的感悟和理解中，获得一种德性修养和精神品质上的提升。

比如，孔子为了告诫弟子要慎言敏行，多做事少说话，于是就以天为榜样来教育他们。他说：“天何言哉？四时行焉，百物生焉，天何言哉？”（《论语 · 阳货》）很多人引这一段话来证明，孔子所言之天为“自然之天”。其实孔子在这里是把天当作具有“无言”德性的天来看待的，而不是仅仅对天“无言”作客观的描述，也就是说，他其实把天人文化了。只有把天人文化，人才能从天那里感悟和理解到某种可供效仿和学习的德性存在。孔子还说过：“知者乐水，仁者乐山。”（《论语 · 雍也》）其实这也是将山水人文化了，赋予水以智者的品性，赋予山以仁者的品性，然后人从对山水的喜爱中培养起仁智之类的德性来。

《周易》乾坤两卦的《大象传》把儒家的这种天人合德意义上的“比德”表现得更加真切。其云：“天行健，君子以自强不息；地势坤，君子以厚德载物。”这两句话人们耳熟能详，这两句话的精神内涵，已经成了中华民族精神中最核心的要素。天地何尝有什么健顺的精神？它们只不过是按自然规律在那里运转罢了。可是君子居然从它们那里看出某种精神品质来，而且通过对这种精神品质的模仿培养起“自强不息”和“厚德载物”的德性来。关于“自强不息”和“厚德载物”的德性及其意义和价值，我们还会在讨论儒家人格修养的相关章节中作更加详细的介绍。

以上主要是从道德实践、道德培养的角度来理解儒家天人合德观念的，而在学理上或道德认知上，这种天人合德观念主要从天、心性、性理等核心范畴展开为一个道德的形上学体系，这就关涉到儒家的心性之思。

二、心性之思：关于道德的形上学

儒家的心性之思，目的是为了寻找道德实践的根据。由于其思路是向内在心性求索，并进一步上升到超越的天道或天理，于是儒家的心性之思就渐渐发展出了一种内在超越的道德形上学。

1．修身与修心

儒家注重修身，修身的实质在修心。修心的目的无非是要引导一种合乎道德的行为，但修心的过程却有两个方向，一为外向型，一为内向型。外向型是将修心直接指向外在的言行，通过修心直接控制外在的言行，使之符合道德。而内向型则不是将修心直接指向外在的言行，它先使人向内把握到某种普遍的人性，达到某种人性的自觉，然后再以这种自觉向外展开道德实践活动。两者都能实现某种自觉的道德行为，但两种自觉是有层次之别的。

比如，一个人不轻易动怒，不乱发脾气，我们一般认为这个人修养好。但我们不妨问一问：他到底是心中很想发脾气，只是通过极力控制从而没有发脾气呢，还是心中本来就没脾气，所以没有发脾气？前者就是一种外向型的修心，后者是内向型的。显然前者的层次和境界不如后者高。前者有一种压抑的因素，对身体是很不好的，后者就不会有这种不良影响。那为什么本来就不想发脾气呢？因为他能认识到“本来”就没必要发脾气，这就非超越眼前感性经验上的是是非非不可。在孟子那里，这个“本来”就是人的先天善性。人通过推扩发挥自己的先天善性和了解对方也跟自己一样有种先天善性，自然就根本“不想”发脾气了。这一过程中包含着对心性之道德本质的认知而不是对其工具性的认知。

儒家把对心性的把握视作道德实践活动的前提，但从根本意义上讲，儒家不希望人的心性是一个被动的工具性的东西，不希望人是被动地控制自己的心性，从而达到一种可能令人不悦的道德自觉，当然也就是不希望人本身成为一个道德工具。儒家所希望的是，道德不是仅仅表现为一种外在规范，而更应该是人的自由本质的一种体现。儒家认为实现这一点的关键仍然在心性上，于是心性论就成了儒家伦理的一个核心论域。以孟子一系为代表，儒家思考心性的总体思路是以天人合德的观念为背景，从心出发向内寻找人性超越的形而上的先天存在根据，这个根据就是天或理或天理等等，这个“人性”就是人的道德本性，这个思路就是所谓的道德形上学的思路。

2．心性与良知

要了解儒家的心性观念，还得从儒家的“心”观念入手。何谓“心”？孟子说：“心之官则思，思则得之，不思则不得也。”（《孟子·告子上》）孟子是第一个明确地把心当作思维器官的哲学家。而现代科学告诉我们只有脑才是而心不是思维器官。这是否说孟子全错了呢？可当代科学的发展又产生了一些新的看法，认为心不仅仅是一团推动血液循环的肌肉，它也是具有“智能”的器官，它尽管不是唯一的思维器官，但它通过自身的记忆以及与脑的沟通参与了思维意识活动。医学观察发现，许多心脏器官移植病患者在受植了新心脏之后，在许多方面包括思维方式、言行乃至口味都与原来的自己不相同，而与心脏供体相接近。如果是这样的话，那孟子所谓“心之官则思”并没有全错。

其实在这里关于心是否是思维器官或是否参与思维活动这一问题本身，从根本意义上说对于孟子思想并不重要。孟子虽然提出了心能思，但他的思想之所以表现为一种道德的形上学，就在于其思想所依赖的不是“能思的”知识之心，而是“不虑的”道德之心。道德岂不是也需要认知，怎能“不虑”？在孟子看来，通过思考辨别道德是非，选择道德行为，那是功利性的、经验上的，是不彻底和不可靠的。所以一般由知识心作出的道德认知对他并不重要，他所看重的是“良知”。

什么叫“良知”？孟子说：“不虑而知者，其良知也。”（《孟子·尽心上》）比如说，小孩子没有不知道爱他们的父母的，长大之后没有不知道敬爱他们的兄长的，因而良知其实就是指人的先天道德本性，也就是不需要在社会环境中通过学习和培养就天生会有某些道德观念。孟子认为仁、义、礼、智这四种德性是根植于心的，是每个人内在先天具有的道德本性。所以在孟子看来，如果把握到了人心的这种道德本性，也就把握到了人的道德良知。人的行为如果能对得起自己的良知，那就必然是道德的。

所以，在孟子这里，良知不是一般知识意义上的认知，而是道德意义上的良心。在孟子看来，心不是指知识之心而是指道德之心，不是一般分辨利害关系的道德之心而是不辨利害关系的道德本心。分辨利害关系的道德之心，是一种功利论或效果论的道德观念，即人的行为道德与否的评判根据在于这种行为是否能产生一种对人有利的结果，不管行为者的实际动机如何。而儒家不辨利害关系的道德本心，则是一种动机论的道德观念，即道德与否的标准是看人心中的动机是不是好的。可是好的动机未必产生好的行为，所以唯动机论的道德观念虽然强调人的主体自觉，但对于客观有效的人际交往和整个社会的和谐而言，依然是不够的。

孟子除了揭示人都有道德本心和本性之外，还进一步指出这种心性源自于“天”。这与《中庸》“天命之谓性”的思路是完全一致的。孟子之所以要把人的心性归之于天，除了要表示人的道德心性乃人的天性这一特点之外，还要借助“天”这一传统观念的力量来加强人的道德观念和行为的力量。孔子看“天”、喊“天”主要是借天之力，而非注重其“天性”义；而孟子的道德形上学则既注重天的道德力量，也注重其道德“天性”义。

3. 道德与宇宙的贯通

上文谈到儒家伦理思想的理论基石是“天人合德”的观念。儒家所谓“天人合德”是通过赋予天以人的道德属性，并以天来加强人的道德力量。在商周之交，“天人合德”的观念主要体现在以“天命观”为核心的政治哲学领域，能与“天”相合的“人”主要是指最高统治者。最高统治者要使自身统治稳固，使代表政权合法性的“天命”不转移到其他人头上，他就应该修德，他的“德”主要体现在要关注民生，要为老百姓带来福祉。

到了孔子的时代，“天命”由政权合法性意义泛化到一般的伦理道德意义，“天命”的主体也由最高统治者渐渐转移到一般意义上的人。正因如此，不曾膺受政治天命的孔子在自述一生历程时，能说自己“五十而知天命”。应该说，孔子是传统“天命观”从政治意义向一般伦理道德意义转换的关键人物。后来《中庸》开篇就谈“天命之谓性，率性之谓道，修道之谓教”，把“天命”与一般意义上的人的道德教化、人性以及人的心性修养结合起来。对后世儒家影响深远的孟子“尽心—知性—知天”的致思取向就是由孔子开创的这一思路发展而来的。这个思路就是，由心性谈德性，承认所有人都有道德本性，这种道德本性来自“天命”，也就是属于人的天性，同时又内在于人心，所以任何人都可以通过修养自己的心性，最终实现人在道德上的天性，实现道德与宇宙的贯通，使人达到道德上的天人合一之境。

为了实现人的道德与宇宙贯通，一方面孔子赋予了“天”以道德力量，并且使这个道德力量面向一般意义上的人，而不是面向社会上某一特定群体或阶层，这是对“天”这一方面观念的改造，使得道德意义上的“天”与所有人发生关联；另一方面，孔子发掘了“仁”的思想，并且通过把“仁”界定为“爱人”这样一种道德情感，从而决定了后世儒家从道德情感论道德意识，从道德意识论人性，将道德性理化，将“仁”本体化，使人实现与天地万物为一体的天人合一之境。在儒家道德形上学的建构历程中，孔子这两方面的努力，实际上开创了两种意义上的道德与宇宙贯通的思路。下面我们先来看“仁”的思想发展及其本体化的思路。

《中庸》载孔子言“仁者人也，亲亲为大”。孔子是把人具有“仁爱”这样一种情感当作人之为人的根本表现，而这种仁爱之情以亲爱自己的双亲为最重要。这种思想后来在孟子那里发展为“亲亲、仁民、爱物”。孟子说：“君子之于物也，爱之而弗仁；于民也，仁之而弗亲。亲亲而仁民，仁民而爱物。”（《孟子·尽心下》）这样就把爱的对象由亲人而民，最后推扩到了物的层面，这个推扩的过程表现为爱的“差等”性，对于不同的对象，爱的次序、程度和层次是不一样的。孟子所谓“老吾老以及人之老，幼吾幼以及人之幼”（《孟子·梁惠王上》）也是这种思路的集中表现。

唐代韩愈认为“博爱之谓仁”（《原道》），宋代周敦颐所谓“爱曰仁”（《通书》），宋代张载所谓“以爱己之心爱人则尽仁”（《正蒙·中正》）、“恭敬撙节退让以明礼，仁之至也，爱道之极也”（《正蒙·至当》）等等，都是继承了孔子以“爱”释仁，以及孟子以爱的“推扩”释仁的思想。

宋代程朱理学对于“仁”的思想内涵有进一步的规定，并且把“仁”提升到了本体的层面。程颢以“与物同体”和以“觉”说仁，程颐以“公”说仁。程颢说：“学者须先识仁。仁者浑然与物同体。”（《河南程氏遗书》卷二上）意思是说，学者应该先认识和把握“仁”，认识和把握了“仁”就可以达到与万物为一体的境界。这种境界是以“天地为一身”，以万物为人的“四肢百体”（《河南程氏遗书》卷四）。人怎么会不爱惜自己的身体呢？所以“仁者以天地万物为一体，莫非己也”（《河南程氏遗书》卷二上）。以天地万物为人的身体，人就会像爱惜自己的身体一样爱惜天地万物。以“与物同体”释仁，同样继承了孔子以“爱”释仁，孟子以爱的“推扩”释仁的思路。程颢更进一步的地方在于，他揭示了“爱”及其推扩之所以能真正实现的基础和前提，这个基础和前提就是人要把天地万物当作自己的身体来看待并且能感觉到与自己相关。只是把天地万物当作自己的身体来看待，而不能感觉到这一点，“爱”也是难以推扩的。感觉不到天地万物为自己的身体，就像手足气脉不通、麻木不仁那样，尽管手足是我们身体的一部分，但依然感觉不到，好像自己的手足是脱离了自己的身体的，不受自己的控制。这时候，“仁”就体现在“知觉”或“感觉”上。程颢说“医书言手足痿痹为不仁，此言最善名状”（《河南程氏遗书》卷二上）。麻木是“不仁”，那么有知觉、有感觉就是“仁”。由此亦可见，程颢并不是简单地把“仁”与“爱”等同起来，“仁”与“爱”是有区别的，“仁”是“爱”的基础，“不仁”的话，就会感到与己无干，就不会去“爱”，能“知觉”或“感觉”到天地万物是自己的身体，就自然会去“爱”天地万物。可见，“仁”才是人与天地万物为一体，也即天人合一最根本的原因。“爱”天地万物只不过是“仁”的自然表现，“仁”才是使得这种“爱”成为一种生命的活动，使天地万物成为一个有生命的整体的根本原因。

程颢的弟弟程颐沿着哥哥区分“爱”与“仁”的思路，明确地指出“爱则仁之用也”（《河南程氏遗书》卷十五），也就是说“爱”只是“仁”的表现。程颐更进一步揭示了“仁之道”“仁之理”，指出“仁”除了外在表现，还有本体的存在。程颐说：“仁者，公也。”（《河南程氏遗书》卷九）“仁”的本体就是“公”。

“仁之道，要之只消道一公字，公只是仁之理。”（《河南程氏遗书》卷十五）这就是说，“公”就是“仁之道”，就是“仁之理”。但是“不可将公便唤做仁，公而以人体之，故为仁”（《河南程氏遗书》卷十五）。真正的“仁”不能只是停留在本体的层面，它必须下贯，必须有表现，而这种下贯和表现都要通过人对这种“公”的深入体会，像程颢说的那样要有知觉、感觉，才能实现。程颐认为孔子所谓“己欲立而立人，己欲达而达人”的根本意义就是“公”，孔子以“仁”教人之根本所在也在这里。“己欲立而立人，己欲达而达人”就是出于公心。若出于“私心”就不会去“立人”“达人”。以至于爱万物，都是以这种“公心”为基础的。所以程颐说：“公则物我兼照，故仁所以能恕，所以能爱。”（《河南程氏遗书》卷十五）爱很容易表现为偏爱，有私心的爱，在程颐看来，这种爱不是真正的爱，真正的爱应该以“公”为基础和前提，这样才能使“爱”推扩出去，才能使人达到天人合一之境。

朱熹同样沿着区分“爱”与“仁”的思路，明确地为“仁”下了一个定义：“仁者，爱之理，心之德也。”（《论语集注·学而》）“仁”与“爱”的不同就在于，“仁”不是一般的“爱”的情感，而是“爱”之理。有“爱”之理，才有真正的“爱”之情。在程颐那里有所谓“仁之理”。“仁之理”是“公”。而在朱熹这里，“仁”的本体意义更明确了，“仁”是“爱之理”，是“理”本身，即本体自身。程颐以“公”为“仁之理”，在朱熹这里，“公”应该可以理解为人的德性的普遍特征，而不仅仅是一种表现为“公心”的德性。“心之德”有很多种，最根本的是“仁”德。

宋代诸子固然大大扩展了“仁”的意义范围，提升了“仁”的意义层次，但“仁”之为“德”这种最一般的意义和性质似乎被无意间忽视了，直到朱熹重新点明，实际上是向孟子回归。作为“心之德”的“仁”是人的道德本性，道德本性是性理层面的存在，所以说“仁”又是“爱之理”，是本体层面的存在，不是现象意义上的一般意义上的“爱”的情感。

从朱熹对“仁”的界定来看，他从道德与本体的双重角度规定了“仁”的本质内涵。也就是说“仁”是一种道德本体意义的存在。从道德本体意义的角度来理解“仁”，才能真正理解如何使“爱”突破出于私心的偏爱，以道德意义上的“公心”体人体物，由己及人，泛爱万物，以天地万物为自己的身体，像爱惜自己的身体一样爱惜天地万物，实现人与天地万物为一体，为一活泼泼的生命整体的超越境界。

可见，孔子以来“仁”的观念的发展和本体化，实际上是儒家道德形上学的进一步发展，是由人的道德心性进一步提升到人与天地万物为一体的境界，这种境界的内在线索实际就是道德与宇宙的贯通。

在儒家道德形上学的建构历程中，关于道德与宇宙的贯通，除了仁的本体化这一思路，还有一条宇宙演化论的思路。

孔孟对于“天”的道德义、天性义以及对于“天”的道德力量的揭示，在宋儒那里得到了继承。但宋儒尤其重视的是“天”的规范性力量，并把“天”发展成为了“天理”。“天理”的规范义超过了天性义，而且这“天理”并不是从对心的属性抽绎而来，而是从宇宙演化而来。因而尽管他们强调天人之理本为一而不分，但实际上其理论前提是将外在于人心的天理拿来与人心合一，或将人心拿去凑合天理。最后，天理完全外在化，演绎出“存天理，灭人欲”的禁欲主义来。

周敦颐

关于宋儒的这一思路，还要从周敦颐的《太极图说》开始说起。周敦颐留下的文字不多，但备受推崇，尤其是经过朱熹的整理、解说和评论，使周敦颐渐渐成为了宋代道学之祖。其著述最重要者是《太极图说》。朱熹说过宋代有四篇重要文字，居首的便是《太极图说》。

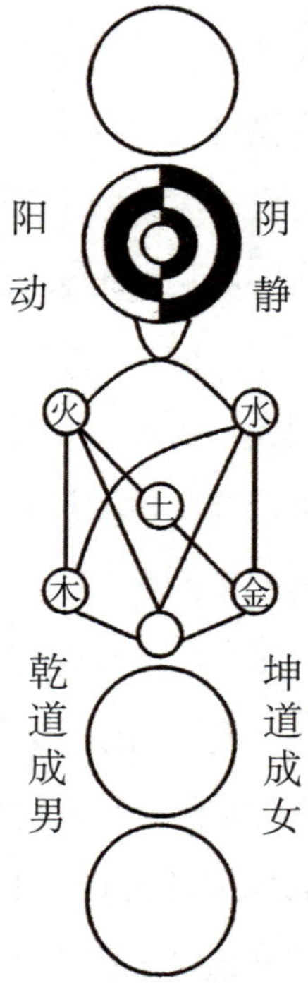

周子太极图

《太极图说》是周敦颐为自己创制的五层太极图所作的一篇解说文字。其所创制的太极图一共五层，由上下排列的五个圆圈表示。最上第一层是一个大的空心圈，叫做“无极而太极”，表示宇宙的最初本体；第二层和第三层分别是阴阳交合图和五行交合图，表示宇宙借以展开的内在要素；第四层和第五层也都是一个大的空心圈，第四层表示乾坤阴阳之道化成男女之道，而男女之道又是万物化生的直接原因，于是接下来第五层表示万物化生。

如果周敦颐的太极图仅仅止于此，

对于儒家而言那没有什么很大的意义，它不过是借用了道家、易学的一些术语和思路构建了一个宇宙论。而周子太极图之所以是儒家的太极图，成为宋代理学之祖，主要在于他的《太极图说》在“说”完第五层“万物化生”之后，紧接着引出了万物之灵长“人”。如果仅止于此，也没有什么大不了的，关键是他不谈人的别的方面，而是从人“与天地合其德”的意义上谈“立人极”，也就是通过与天地合德来立定中正仁义的人伦道德规范。

儒家何曾有过这样精致的宇宙论？这就把儒家的道德放在一个宇宙演化的大背景中来了，但他不谈“心”，也不是从心引申出人的道德本性来，而是让一个宇宙天理一线贯穿人的道德，于是道德也就成了宇宙天理了。与周敦颐同时代的张载作《西铭》也是这一思路，而且对于人道的议论更加细致，旁涉更加宽广。因此，《西铭》亦极受宋儒的推崇。《西铭》开篇即云：“乾称父，坤称母。”乾坤即天地，为何不直言天地？因为天地只是形体，乾坤关涉天地之义理。这就把天地之理与儒家伦常中的父母合为一气，从而把伦理等同于天理了。所谓“民吾同胞，物吾与也”，也只不过是把儒家的家庭伦理放大到整个社会和宇宙中来。宋明后儒无论如何从内在本体谈人的道德都带有这个宇宙论的影子，无论是程颢“自家体贴”出的“天理”，还是陆九渊的“吾心即宇宙”都是这个思路。

伦理等同于天理，天理既以宇宙演化论为背景，就会有外在于人心人性的倾向。天理最大，不能违抗。因而作为天理的伦理就难免作为一种外在规范而产生压迫人心人性之弊。于是，天理的力量越大，它对人的心性和人的主体性的压迫也就越大。

这就是外在化的道德形上学。它不像孟子的道德形上学是从心出发向内揭示其天性，再由这种天性加强人自身的道德力量；是从心出发来养那浩然之气使之充塞于宇宙天地之间，也同样用来加强人自身的道德力量。

三、善恶之辨：对于人的本性的探寻

人的本性问题是儒家心性论中的核心问题。儒家的心性之思影响很大，占主导地位的还是孟子一系的思想，即认为人的本心本性都具有先天的善性。但严格来讲，儒家的心性之思不能只是孟子这一派的观点，还应该包括其他思想家的观点。而一旦涉及与其他思想家的心性观的比较，问题就发生了转移，而具体集中到了人的本性善恶这一问题上来。

1. 思考人性

人性问题的提出，体现了人类对自身的觉悟和思考，表明人类对自身的独立性、主体性和能动性有了认识上的要求。人性是永恒的，但到底人性是什么，则见仁见智了。在儒家伦理思想体系中，人性论占有十分重要的地位。儒家对于人的本性的看法也是五花八门、众说纷纭。但不管持何种见解，他们对于人性问题的致思取向都是集中在人性的价值问题上，即对人性之善恶的判断上。

自从孔子提出“性相近也，习相远也”（《论语·阳货》）的命题之后，思孟一系强调并发挥了孔子的“性相近”思想，提出了性善论的人性学说；荀子一系则注重和发挥了孔子的“习相远”思想，提出了性恶论的主张。孟荀两派的人性理论奠定了儒家人性善恶双重设计的基础。后儒在人性问题上虽然各有所重，提出各种各样的主张，但始终没有脱离这种人性善恶双重设计的理论格局，其理论宗旨都在弥合两者的理论偏颇，认识和统一两者之间的关系。到宋儒的性二元论即义理之性与气质之性的提出，可谓从理论上解决了这个问题。但由于其具有强烈的禁欲主义倾向，于是又引起了明清之际思想家的激烈反对。思想家们进一步探讨了成性与成身的关系问题，强调人在道德上的完善和人在物质生活上的合理满足是不可分割的。从儒家各种人性论的内涵及其发展轨迹来看，儒家人性论背后所蕴含的深层意义是：人的社会属性和自然属性，人的社会关系、意识形态同人的生理本能、物质生活欲求的关系问题。

2．人性本善

孔子是最早关注人性问题的思想家，但他“罕言性与天道”，对人性问题还是谈得很少。他虽然肯定了人具有共同本性，并认为人性通过后天的习染会因人而异发生转变，但他并没有对人性如何作出价值判断和具体阐述。中国思想史上第一次讨论人性问题的理论高潮发生在战国中期之后，其中孟子的性善论对后世影响最为深远。

孟子认为，人之性就是人与动物根本区别的本质规定。生理构造和物质欲求上的自然属性都是非本质性的，在这一点上人与动物没有什么区别。只有道德才是人所独具而动物所没有的本质属性，人性就是人的道德性。如果一个人没有道德，那他就不能算是人。所以儒家很注重“人禽之别”。当然严于“人禽之别”并非只有中国的儒家重视，西方也很重视。比如，亚里士多德认为，人与动物相区别的根本属性在于人有理性。据说，黑格尔曾经因为没有去看望一个精神失常的朋友而受到其他朋友的指责，可这位理性主义大师居然还振振有辞地说：“他都没有理性了，不是一个人了，我还去看他干吗？”中国的孟子认为没有道德不能算人，西方的黑格尔认为没有理性不能算人，这里，显示了在“人禽之别”问题上的中西差异。

孟子说：“无恻隐之心，非人也；无羞恶之心，非人也；无辞让之心，非人也；无是非之心，非人也。”（《孟子·公孙丑上》）

孟子

意思是如果没有同情心，没有羞耻心，没有谦让心，没有是非心，缺了其中任何一项都不是人。在孟子看来，这四种心是每个人都具有的，哪怕一个十恶不赦的人也具有这四种心。比如孟子举过一个“孺子入井”的例子，每个人乍一看到一个小孩将要掉进井里时，都会无条件地油然而生一种恻隐同情之心。又如，小孩子没有不知道要爱他的父母的。孟子以这些经验来表明，人性从本始的意义上来讲是善的。只要你是个人，那你就必然先天具备这四种心，至于你实际表现出来的行为是善是恶那是另一回事。这四种心是仁、义、礼、智这四种德性的萌芽，孟子把它们称之为“端”——“恻隐之心，仁之端也；羞恶之心，义之端也；辞让之心，礼之端也；是非之心，智之端也。”（《孟子·公孙丑上》）也就是说，同情心、羞耻心、谦让心、是非心是人类先天具有的“善端”，人只要保有和扩充这四端，就可以发展为仁、义、礼、智四德，进而达到至善。

现实生活中有不善之人，并不是因为他们本性不善，而是由于后天环境影响所致。就像山上本来生有茂盛的草木，可是牛群常来践踏，羊群常来啃噬，结果变得光秃秃的，但我们不能因此断定山的本性就是不生草木的。所以，孟子的性善论并不是肯定每个人都具有现实的善，而是强调每个人都具有一种天赋的人性之善，这种善使人在现实生活中行善成为可能，但并不能保证一定行善。可见，孟子的性善论回答了行善之所以可能这样一个问题，但对于本性为善的人为何会变恶的问题，没能给出令人信服的解答。于是，也就有了荀子的性恶论。

3. 人性本恶

荀子认为，假如人性本善，那么顺其本性发展就足够了，作为约束人们行为的礼义道德就失去了必要性。如果承认礼义道德是必要的，那就说明人的本性中有不道德的因素，需要对它们进行约束、改造。因此，他指出，人性并非人的道德性，而是人的自然性，它的具体内容即声色欲望、好逸恶劳等自然属性。如果顺着这种自然本性任其发展，那么就会产生人与人之间的争斗，会造成社会动乱，因而必须以道德如仁、义、礼、智对人的本性加以制约、改造，引导人们向善。这就是荀子著名的“性恶论”——“人之性恶，其善者伪也。”（《荀子·性恶》）

荀子

这里的“伪”不是道德上虚伪的意思，而是人为努力的意思。也就是说，人的善性、德性是通过制约人本来的恶性，通过外部的礼义制度、道德教育的规范和引导，努力培养起来的。在这里，荀子区分了“性”与“伪”。所谓“性”或“人性”是指人不学习和努力就先天具有的东西。荀子把这种先天具有的东西规定为人的自然属性，顺此性而行必将导致恶的产生，所以其本性是恶的。“伪”即人为，是需要经过后天的学习和努力才能达到的。人为的事不必定是善的，但善的必定是人为的结果。也就是说道德上的善性必定是人为的结果。性恶论虽然回答了道德教育的必要性问题，但也有一个类似于性善论的理论矛盾：既然人的本性是恶的，那么为什么人能够并愿意接受道德教育，使之制约和改造自己的本性呢？

性善论与性恶论表面看起来截然相反、冰炭不容，但本质上是有其一致性的。只不过孟子认为仁义礼智这些德性是人的本性的逻辑展开，而荀子认为这些德性是改造人性的结果。他们的目的都是要培养现实生活中道德高尚的人，他们从不同的角度都提出了人可以达到道德完善，成为尧舜禹这样的人。孟子告诉人们说，努力发挥自己固有的善性吧！沿着这条道路走，就能提升自己的人格，成为尽善尽美的圣人。荀子则向人们疾呼，努力用礼义道德改造自己吧！只有改造自己才有人格的完善，改造的尽头便是成为尽善尽美的圣人。

此后，中国古代思想史上人性思想的演变一直是围绕着如何调和性善论与性恶论之间的矛盾问题而展开的：其致思的方向始终是如何解决既能把仁义礼智这些德性安置在人的本性的需要中，又能较好地解决对人们加强道德教化的必要性。

4．义理之性与气质之性

宋儒吸收佛、道的思辨方法，从宇宙万物生成的理气关系的哲学思辨出发，提出了义理之性和气质之性的概念，从而完成了把善恶同时植根于人的本性之中的双重设计，从理论上调和了性善论与性恶论。他们在坚持孟子性善论的前提下，论述了人性具有双重性或二元性。

最初提出这一理论的是北宋著名思想家张载。他说："形而后有气质之性，善反之，则天地之性存焉。"（《正蒙·诚明》）张载认为，宇宙间只有一气流行，气聚则凝结成万物，气散则复归于太虚本体。人也是禀气成形的，也是从太虚本体之气聚结而来，所以先天就具有太虚本体的天地之性。因为天性是真实无妄的，是以生生之仁德为其本性，所以天地之性在本质上具有至善性，于是人性在本质上也具有至善性。但同时由于每个人所禀受的气有精粗、厚薄、清浊之不同，便形成了个体的差异。因为气质之性不像天地之性那样完备，所以它容易受客观环境的影响而流于恶。可见，张载是以天地之性为善的根源，以气质之性为恶的根

程颢

程颐

源，但强调只有天地之性才是人的本质属性，认为人们必须"变化气质"，以便复返于本原的天地之性。

二程继承并进一步发挥了张载的这一思想，他们明确地把天地之性界定为义理之性（又称天命之性），其本质内容即所谓天理，而以气质之性为人欲。朱熹则进而以"理一分殊"的理论论证了人人之性同具一理又各有不同。理作为抽象的本体必须借助气来获得现实性。理是万物包括人存在的根据，它具有至善性，但同时人所受之气又往往遮蔽了人们对理的自觉，阻碍着理的扩充与完善，自然就成了恶的根源。孟子等人以仁义礼智为性，揭示了人有义理之性，但不识气质之性；荀子等人又只看到气质之性，忽略了人还有义理之性，都只看到人性的一个方面。

宋儒在调和性善论与性恶论的问题上确实做了许多理论工作。然而不幸的是，这种调和是有倾向性的，重义理之性而轻气质之性，而且把二者对立起来，轻视、排斥人的感性情欲，将其视为恶的根源，以致发展出"存天理、灭人欲"这样的极端道德来，表现出明显的禁欲主义倾向，程朱陆王无不如此。

于是，到了明清之际，思想家们又对这种人性二元论作了进一步的修正，对人的自然属性均有不同程度的肯定。如王夫之主张"理欲合性"，颜元提出"非气质无以为性"，戴震强调"血气心知，性之实体"，他们都反对把义理之性和气质之性对立起来，主张义理之性就在气质之性中。王夫之主张人性是自然感性与道德理性的统一，而且人性有一个形成和完善的过程，这一过程与人的生命相始终，它日生日成，未成可成，已成可革，因而鼓励人们努力接受社会的道德教化，并通过自身自觉的道德修养，在后天的道德实践中完善自己的人性，使自己成为一个道德高尚的人。至此，性善与性恶才真正从理论和实践上走出了二元对立而走向了二元统一。

四、进路之争：尊德性与道问学

不论人性本善还是本恶，儒家都主张要培养人的德性。但在如何培养德性，即关于入德的进路问题上，宋明理学和心学两大学派之间有着明显的分歧。心学主张直接从发挥人的道德本心入手，而理学则主张通过推考事物之理来探究道德天理，这就是尊德性与道问学之别。这一区别在南宋鹅湖之会这样一次著名的学术会讲中集中表现出来。其实，不管两者在进路问题上的分歧如何尖锐，在首重“德性”与归于“德性”这一点上，两者可谓殊途同归。

1．鹅湖之会上陆氏兄弟激情赋诗

南宋孝宗淳熙二年（1175 年），东莱先生吕祖谦联络邀约了朱熹和陆氏兄弟（陆九龄、陆九渊）及两派学人代表在信州（今江西上饶市）铅山的鹅湖寺聚会论学。参加这次讨论会的是当时理学和心学（尽管在当时不受官方青睐，不是显学）的领袖人物。吕祖谦策划这次讨论会的目的本是想调和两派已经产生的分歧，但没想到反而彰显了朱陆两派学术的根本分歧，反而加速形成了两派学术的鼎立之势和门户之见。

会议一开始陆九渊的哥哥陆九龄就吟诵了自己在来鹅湖前夕写的一首诗，开头两句是“孩提知爱长知钦，古圣相传只此心”，意思是儿童从小懂得爱，长大知道敬（钦），古圣先贤传下来的就是这个敬爱之心。朱熹才听了前四句，就跟吕祖谦耳语道，你看他早已上了陆九渊的船了。接着陆九龄批评了朱熹理学一派的治学方法，认为这种方法过分地把精力耗费在诠释经典和细枝末节上，反而阻碍了人们认识事物的大体和本质。这首诗直截了当地表明了陆氏兄弟学术的根本在一个“心”字，因而不必劳心外求于古代典籍传注，只要从“心”入即可。

陆九渊听了兄长的诗之后连连称赞，但认为诗的第二句还有些欠妥，他认为古今人“心”一如，每个人一生下来先天就具有，是天赋的。就如人到了墓地就会感到悲哀，到了宗庙就会感到敬畏，这是千古不变的人性，而非“古今相传”。于是他也朗诵了自己来鹅湖的路上作的一首和诗：“墟墓兴哀宗庙钦，斯人

鹅湖书院
（位于江西省铅山县）

千古不磨心。涓流滴到沧溟水，拳石崇成大华岑。易简功夫终久大，支离事业竟浮沉。欲知自下升高处，真伪先须辩只今。”这首诗不但点出了人的先天“本心”，而且揭出“发明本心”之义，即从本心出发，从它推扩出去，就如同涓涓细流终将流入大洋，小小石头能盖成大华楼。这种直接把握大体和本质的易简方法必能存之久远，而朱熹理学一派那种支离破碎的解经注经方法，必定找不到出路。

陆氏兄弟不但在诗中鲜明地亮出了自己的观点，而且还对朱熹的为学之法极尽嘲讽，认为我们今天只需讨论如何认识这个“心”，如何“发明本心”就可以，不需要谈别的了。哥哥陆九龄说朱熹太过拘泥于烦琐精细的传注还算比较客气了，弟弟陆九渊就很不客气了，他把自己的方法说成是境界高远的“易简功夫”，而把朱熹的方法说成是不会有什么成就的“支离事业”。这一年，朱熹46岁，陆九龄44岁，陆九渊37岁，朱熹的名气最大。他们的性格都比较耿直，陆氏兄弟年轻一些，尤为自信，加上学术声望不及朱熹，所以无所顾忌，气势更盛。一上来就受到如此的讥讽，这可把朱熹气坏了。据说朱熹当场拂袖而去，不得已暂时休会。后来还开了两天会，最后也没有取得什么一致意见，终于不欢而散。

三年之后，朱熹才针对讨论会上陆氏兄弟的诗作了一首和诗，其中有这么四句：“旧学商量加邃密，新知培养转深沉。却愁说到无言处，不信人间有古今。”意思是旧学通过讨论会更加“邃密”，新知通过培养会更加“深沉”，如果不讲论学问只重心悟，恐怕连基本的历史感都会丧失掉。朱熹在这里也比较了自己与陆氏兄弟在治学方法上的差异，对陆氏兄弟的方法提出了批评。

陆九渊

朱熹

此次讨论会从一开始就充满着意气之争，在这样的心态下是难以讨论出什么结果来的。但是鹅湖之会上所讨论的主题在会后还延续了数年之久，这期间两派人物继续以书信往来的方式论学。两派互相指摘对方的学术：理学认为心学近于狂禅，心学认为理学是俗学；理学以心学为空疏，心学以理学为琐碎。会议的组织者本来是想让双方的学说有一个全面的辩论，但最后也只把中心议题集中在双方所采用的为学方法之差异这个问题上，而无暇涉及其他。方法问题对双方学说的建构、成熟与发展具有根本性的意义，鹅湖之会之所以影响大，就是因为它触及了两派分歧的根本问题并引起了数年之久的学术争论。

2．朱子的“格物致知”与青年王阳明格竹

朱熹的为学之法是“格物致知”“即物穷理”，即主张由博而约，通过博览群书和观察事物来启发和归约于对伦理道德的

认识，此即“道问学”。陆氏兄弟的为学之法是由约而博，通过“发明本心”，尊重人与生俱来的善性，并存养和发展它，使之表现到事事物物上，此即“尊德性”。于是，“道问学”的知识主义与“尊德性”的道德主义，就成为了分判理学与心学乃至评判整个传统中国学术的两条基本线索。

何以主张“发明本心”就是“尊德性”的道德主义呢？因为这个“本心”不是一般能思能虑的知识之心，而是道德之心，而且是每个人先天具有的道德之心，这与孟子的仁义礼智“四端”之心的观念是一脉相承的。

何以主张“格物致知”“即物穷理”就是“道问学”的知识主义呢？因为格物致知、即物穷理，是通过大量的阅读和对事物的观察，根据经验逐步作出分析、综合和归纳，然后得出某一结论、某一道理。程朱都认为每一事物都有每一事物之理，事物之理虽然相通，但人在认识时不可能通一理即能通万理，以一知十已经是难能可贵的了。所以必须“今日格一物，明日格一物”地用实实在在的工夫做研究，“格”就是研究的意思。但程朱并不认为必须研究尽了所有事物的道理然后才能通达那最高的理，而是认为研究到一定程度必然会有贯通处。

说到“格物致知”，明代心学巨擘王阳明在年轻时代还有过一段深刻的体会。王阳明时代，程朱理学是学术思想的主流。他也很崇尚程朱理学，有过由理学入于心学的心路历程。为了实验程朱“格物致知”的道理，他就对着自家庭院的竹子一动不动地看着，想要格出个理来。可是格了七天，什么也没有格出来，反而大病一场，从此以后，他就不信程朱理学了。这件事情看似很小，但意义其实很大。

王阳明格竹失败证明程朱理学“格物致知”的道理错了吗？像王阳明那样对着竹子痴坐枯想，程朱是不会赞同的，这不叫“格物”。你必须对竹子的某方面有疑惑、有问题，然后才会有的放矢地研究竹子某一方面的道理，甚至要剖开竹子来观察，收集关于竹子的资料来研究，这才会得到关于竹子的某方面的道理。正是从这个意义上说，程朱理学的“格物致知”具有某种程度的科学精神，是一种“道问学”的知识主义，很可能开出一些科学技术来。然而，不幸的是，程朱理学对“格物致知”的科学方法与科学精神并没有贯彻到底，最终在这一思想上还是滑入了道德主义。

格竹图
（明・王阳明　绘）

3．殊途同归

理学与心学在“道问学”与“尊德性”上的分歧，其实并不像鹅湖之会上所表现的那样针锋相对，几成冰炭。鹅湖之会双方是带有意气的，又由于是采取了辩论的形式，所以难免夸大双方的分歧。会后双方还有讨论和交流，也都各有妥协。尤其是朱熹心中一直比较清楚，就是认为“道问学”与“尊德性”两者是不能分开的。只是因为在会上陆氏兄弟太固执，只讲发明本心尊德性，而不讲问学之事，才使得他不能不着重讲读书问学以讲明义理之事，看起来就好像他只讲道问学似的。

“道问学”与“尊德性”的统一就在“德性”上，这主要是靠限定“学”的内容来实现的。程朱之“学”的目的是成圣，如“学颜子之学”（《近思录》）。颜子所好何学？即成德。孔子弟子中，颜子德性最好。所以，“道问学”之“学”其实是学德性，学做人。其“格物”的“物”也非仅指物体之物，而主要是指人事、事物之物，以及物欲之物。王阳明认为格物就是格去物欲。朱子格物所成之“知”从根本上讲亦是德性（天理）方面而非知识方面，当然也需要格去人的物欲。因而，朱子的“道问学”其实也是成德之教，也是成德的进路而非成就知识的进路。在这一根本目的上它与心学是一致的。

岂止理学与心学一致？整个儒家文化都是一伦理文化，其根本目的都在教人成德、成人、成圣。这一点对于我们的教育思想和人才观念的影响至为深远。我们的教育向来是德业兼修而以德为重，我们对人才的选拔向来是要求德才兼备而以德为先。无论心学还是理学，都在求“理”，但这个理都是“伦理”而非“物理”。而且程朱理学也与陆王心学一样，这个“理”是超越的、形上的。只不过心学讲“心即理”，而理学讲“性即理”；心学强调主体的“心”，而理学强调客观的“性”。所以，“道问学”并非真正的知识主义，它与“尊德性”又是一致的。

“尊德性”与“道问学”的提法最初出现在《中庸》里，在那里它们就是统一的。《中庸》云：“君子尊德性而道问学。”朱熹认为这是“圣贤所示入德之方”，注云：“尊者，恭敬奉持之意。德性者，吾所受于天之正理。道，由也。……尊德性，所以存心而极乎道体之大也。道问学，所以致知而尽乎道体之细也。二者修德凝道之大端也。”两者都是对道体（伦理意义上的天理）的认识和把握。

由于“道问学”与“尊德性”讲的都是成德之路，即教人完善自我的道德人格，以成贤成圣；由于这两种成德之路所强调的根本方法都要回到内在心性修养，发明本心或性理，所以理

孔子退修诗书图

学与心学之末流也就渐渐地只重内在心性而轻外在事功，只空谈性理而不着实际。无论理学还是心学都吸收了释道修炼的方法，而重持敬静坐的工夫，乃至以静坐为心性修养的功课。清初经世实学派大儒颜元曾批评过朱子教人之法："朱子教人半日静坐，半日读书，无异于半日当和尚，半日当汉儒。"（《颜元集》）

颜元认为孔子之儒与宋儒不一样，是真儒，重实践。他曾设想过孔儒与宋儒教学的两个画面，以比较两者之相异，颇为有趣。这两幅画面，一边画的是孔子师徒，一边画的是宋儒学脉。这边坐着孔子，弟子侍立，有的习礼，有的弹琴鼓瑟，有的弯弓射箭，有的挥戈练武，有的向老师问仁孝，有的问商兵农政之事；那边坐着程明道，他峨冠博带，双眼微闭，身如泥塑，游（酢）杨（时）朱（熹）陆（九渊）之徒侍立，他们或返观静坐，或执书咿唔，或对谈静敬，或执笔写作。试问这两个画面相同吗？颜元指责朱熹只是论读书，"读书愈多，审事愈无识，办经济愈无力"，并认为"心中惺觉，口中讲话，纸上敷衍，不由身习，皆无用"。颜氏自号习斋，即取习行之义。他对"格物"又作新解，认为格物即"手犯"，是亲手去做的意思。其实颜元所教亦不外"成德"，只不过此"德"非尊德性与道问学的心性修养之德，而是切实实行的"行德"。这无疑更加完善了儒家的人格内涵。

人格与修养

心性与德性必须落实到人的道德品质修养上来，否则就是空谈，而与伦理的实践性不相符，也不可能对实际社会人生产生长远的影响。道德品质修养的目的无非是要培养高尚的道德人格。道德人格与心理个性意义上的人格是不一样的，它是从人这个类意义上来讲的，儒家伦理严于人禽之别正体现了这一点。孟子认为，人与禽兽之间的区别非常非常小，只那么一点点，那就是人具有道德意识和道德品质而禽兽没有。正是这么一点点区别，使人成为人，具有自己的人格。在儒家看来，每个人都有自己的人格，是因为每个人都有道德本性，但是由于人的道德本性的隐显与发挥程度不同，从而使得人格有境界高低之别，从小人到士君子，再到贤人、仁人，最高的理想人格是圣人，这是儒家的人格进路。儒家伦理不论是讲心性，还是讲人伦，或是讲待人接物，或是讲平治天下，无非是讲“成人之道”，即教人如何成就自己的高尚人格。贯穿于不同层次的人格之终始的是“德性”。德性有深浅广狭之异，通过修养可将德性培植和扩充，修养到哪个层次就可以扩充到哪个层次，所以先秦儒家经典《大学》告诉我们，“自天子以至于庶人，壹是皆以修身为本”，庶人就是指一般老百姓。

一、成人与成圣：理想人格的魅力

圣人是儒家的理想人格，成圣是儒家伦理为人格修养提出的最高目标。既然有最高目标，也就意味着人格修养有层次之别。各种层次的人格修养，可统称为“成人”，即成就人格。儒家所谓人格的根本内涵是德性。德性可以从小就培养，但对人格作道德评判却应该施之于成年人。所以，儒家所谓“成人”可以从“成年人”这一含义讲起，然后逐步发掘出更高、更深层次的内涵来。

1．成人的层次

什么叫“成人”？最基本的含义是“成年人”，即长大成人了。中国古代很重视“成人”，不但划定一个年龄段以表示成年，而且还要在宗庙行专门的“成人礼”以隆重对待。根据《礼记》的记载，男子、女子都有成人礼。男子行成人礼的年龄根据其父的爵位不同而有不同，一般士人和民众之子是20岁行成人礼，

冠礼图

最重要的一个仪式就是给他戴上一种帽子，所以男子的成人礼又叫“冠礼”。女子一般 15 岁行成人礼，15 岁就可以出嫁了，如果这时要出嫁就可以行成人礼了，如果不出嫁，到 20 岁行成人礼也行。女子成人礼上最重要的一个仪式是用一种发笄把头发给盘扎起来，所以女子成人礼又叫“笄礼”。

为成人举行仪式，是在向世人宣告：你长大成人了！它首先表示你的身体和生理成熟了，可以结婚生子、传宗接代了，这是“成人”最基本的含义。但人们之所以如此重视“成人”，更看重的是心智的成熟，这是“成人”更进一步的层次内涵。而心智的成熟并不仅仅在智力上，更重要地体现在自我控制的能力上。这时候你的言行方式要与童年时代告别了。如果你是一个儿童，你说了伤人的话别人可能不会计较，因为童言无忌嘛；但是如果你是一个成人了，你就不能再像儿童那样任性了，你的言行都必须遵守社会礼仪规范。能遵礼而行正是自我控制能力的一种体现。从此，你就有了为人子、为人弟的责任和义务了；结婚后，你还有了为人夫、为人父的责任和义务了；如果从政入仕了，你就有了为人臣、为人官的责任和义务了。所以成人是有规矩和责任的。我们现在在法律上规定 18 岁为成年人。为什么要特意在法律上规定？意思就是一个成年人应该为自己的行为完全负责，犯了法是要依法追究的。

成人第三个层次的内涵就是要求发展出某些具体的德性来。遵守礼仪规范、担负责任义务，有被动与主动之别。被动是带着痛苦的，主动是伴着快乐的；被动是无可奈何的，主动是自由自觉的；被动是浅层次的，主动是高层次的。若要由被动进入到主动，其必由之途就在于培养德性，德性是内在的，可以将外在的要求化为内在的自觉。孔子所谓“从心所欲不逾矩”（《论语·为政》）就是内在德性与外在规范的最佳结合状态。而德性的培养不必等到成人之后才进行，从小就要做，这才会更有助于成人。

孔子的高徒子路曾经专门向孔子问过“成人”的问题，孔子就主要是从德性意义上来讲的。他说：“若臧武仲之知，公绰之不欲，卞庄子之勇，冉求之艺，文之以礼乐，亦可以为成人矣。”（《论语·宪问》）说完似乎意犹未尽，又自己补充说道：“今之成人者何必然？见利思义，见危授命，久要不忘平生之言，亦可以为成人矣。”（《论语·宪问》）臧武仲、公绰、卞庄子、冉求四人都是当时有名的贤人，他们在某一方面都有过人之处，或智慧，或刚毅（无欲则刚），或勇敢，或多才多艺，而且他们都能以礼乐约束这些德性，这就是成人的表现，他们都可谓“成人”。

朱熹认为这里的“成人”就是指“才全德备”的“全人”，意味着一个人需要兼有这些贤者的德性之长，然后才能叫成人。恐怕未必是如此。孔子为什么单说要兼有这四种德性而不是其他的？这四种德性中连“仁”和“义”都没有，能叫“才全德备”吗？从孔子接下来自己补充说的话来看，他又是从另外的角度和另外的德性来讲何为成人的。这几种德性就是“义”（见利思义）、“忠”（在危险时刻能尽一己之全力乃至舍弃自己的生命）、“信”（即使久处困穷亦不忘平日的诺言）。在另外一些场合孔子又特别看重智、仁、勇这三种德性，并以之为天下三达德。可见孔子在这里并不是以“才全德备”来要求“成人”的，而只是要求在遵守礼仪规范和担负责任义务的基础上，形成一些德性来，反过来这些德性又将有助于我们更加自觉地守礼和负责。

每个人所处的环境，所经历的人生，所思考的程度都是不一样的，所以在德性上的修养也不一定会一样，也不一定完备。能够发展出适应自己生活，指导自己生活的某方面的德性就可以算是成人了。孔子说的话里有一个字很容易被疏忽，就是“乐”字。“文之以礼”对于成人的意义好理解，为什么还要“文之以乐”呢？孔子说过人生“成于乐”。可见，“乐”与成人的境界是密切相关的。其相关性就在于，相对于礼的外在性而言，乐是对内在人心起作用的，它使人心“和乐”，使人的德性在一种平和自觉的心态下发挥作用，而不使人有被束缚的感觉。

从以上我们可以看到“成人”的层次一步步提高，以至有了德性要求这方面的内涵，那再进一步不就是才全德备的“全人”了吗？是的，成人是有层次的，它的最高层次就是具备一切美好德性的人，这就是“圣人”，圣人是儒家的理想人格。

2．圣人的境界

在儒家这里，圣人是做人的最高境界，具有超越性和神圣性。但在孔子和儒家之前，圣人只是指一般的聪明人和顺应自然规律以行事之人，不但贤明的大臣可以称为圣，在智慧和温顺之德上比较突出的人都可以称为圣，甚至女性也可以称圣。到了孔子才把“圣”抬高到一个似乎难以企及的无上境界。战国诸子百家也都谈圣人，也都是把圣人当作某种超越而神圣的理想人格来看待的。那么，圣人的境界是什么样子的呢？

首先，圣人是道德的化身，是道德最为完善的人格典范。他不止体现在对现实社会道德的遵循上，更重要的是社会道德要求已经内化在他的本性之中，他的一切行为，无论有意的还是无意的，都是其内在道德本质的自然流露。他从心所欲，无往而非至善之德，达到了天人合一的最高境界。其次，圣人是文明的化身，人类从物质文明到精神文明无不为圣人所赐。服饰、用火、舟车、宫室、棺椁、书契等日常所用都是人类文明的表现，都是圣人所创。圣人以其对天道本质的透彻了解，法天立道，化天道为人道，根据天道确立、制定了人类社会的根本原则和一系列根本制度。圣人不但内在道德完善，而且外在事功卓著。他是完善人格的典范，是人精神的寄托，人生活中的一切都有赖于圣人。有见于此，韩愈说道："如古之无圣人，人之类灭久矣。"（《原道》）这种圣人观是典型的个人英雄主义。事实上，文明绝非仅凭个人能力所能创造，最初的某项发明往往要经过长时间的集体改造才能实现。

在春秋战国时人的心目中，圣人是内在道德与外在事功达到完美合一的人，只有少数王才称得上圣人。儒家所称道的孔子之前的圣人主要有尧、舜、禹、汤、文、武、周公。其中只有周公不是王，但周公在成王年幼时亦曾摄政天下。他制礼作乐，在文化制度上的影响极为深远。

在孔子之前，由于对外在事功的看重，所以只有王者才有成圣的可能。孔子在世时就有人称他为圣人，但他不敢当之，因为他不是王者，他在现实社会和政治事功上不可能达到上古圣王的层次。所以，当弟子子贡问他“博施于民而能济众”这样的人能不能叫“仁人”时，孔子感叹道，岂止是仁人，那一定是圣人了！孔子是不轻易许人以仁的，而圣人竟比仁人层次还高，难怪孔子不敢自居。

但是自孔子之后，孔子亦被置于圣人之列，而且渐渐地垄断了圣人之名。虽然在制度上仍然称王为圣，如在皇帝的一切用物和言行之前都加一“圣”字，但毕竟只停留在制度规定上，在国人的心灵深处只有孔子才能真正称为圣人。这是对孔子本人的道德以及他所创立的伦理型思想在中国文化上的影响的高度肯定，也说明自孔子之后，圣人的内涵就只有道德方面的要求，而没有政治事功方面的要求了。

3. 满街都是圣人

理想之为理想，正因为它与现实是有距离的。理想人格之为理想人格，正因为它比一般现实人格的境界要高，可以作为现实人格追求的目标。但是，如果理想人格完全没有达到的可能，那岂不绝了人诱进之途，让人对之无可奈何而只能望洋兴叹？那理想人格的设立又有什么意义呢？这是一个很现实的问题，儒学大师们也意识到了，于是就有了人人都有成为圣人之可能的理论，甚至干脆说满街都是圣人。

宋代理学大师朱熹在游过泉州之后，大为感叹并赞曰：“此地古称佛国，满街都是圣人。”现代佛学大师弘一法师亲笔书写此语作联，挂在开元寺天王宝殿前。朱熹把佛国与圣人相对，其用意到底是赞佛教心性教化之功，还是以佛国称古泉州，以儒家圣人属今泉州而实赞儒家教化，是不得而知的。儒佛心性本有相通之处，宋儒也确实吸收了其心性修养之工夫。

如果说朱子赞“圣人”所指不明，那么下面这则故事则纯然是儒家的了。明代心学大师王阳明的《传习录》里记载了这样一个故事：一日，一名学生出游归来，跟老师说，我今天看到一件怪事，看到满街都是圣人。王阳明不慌不忙地说，这只是平常之事，有什么好大惊小怪的。你看满街人是圣人，满街人看你也是圣人。

圣人不是理想人格吗？不是只有孔子才能称圣人吗？怎么可能在现实社会看到圣人？而且满街都是圣人？所谓“满街都是圣人”，其表层意义可能是说这里的人为人都很好，道德品质非常高尚，文化素质也非常高。既然是在街上看到，当然这些道德品质和文化素质就主要体现在他们表现于外的待人接物上，至于他们的内心如何则是看不到的。所以，“满街都是圣人”可能是人的一种表面甚至片面的印象。人无完人。“满街人”的道德和事功不可能像孔子，更不可能像古圣先王那样伟大。即使是古圣先王和孔子，他们的圣人帽子也都是后人为他们戴上去的，并不表示他们本人就是完人。既然对于并非完人的先王和孔子可以只看优点不看缺点而称之为圣人，那么为什么不可以对“满街人”也只看优点不看缺点而称之为圣人？所以，称“满街都是圣人”实际上等于取消了圣人的完美性、神圣性和超越性，从而把圣人拉到日常生活中来，使得每个平常人通过修养德性都有成为圣人的可能。

因而儒家所谓“满街都是圣人”，其真实意图并不是要指证现实生活中某某人是圣人，而是要告诉人们每个人都有成圣的可能性。注意他们所强调的是“可能性”。其中包含着一个很重要的思想理论上的前提，即从根本上看，圣人与一般人在人性上是相同相通的。在孟子看来，他们的本性都是善的；在荀子看来，他们的本性都是恶的；在王阳明看来，他们都有同样的良知。王阳明与孟子是一系，都是强调人的先天善性。圣人也不过是把这种先天善性发挥得更好罢了。也就是说，每一个人从本性上来说，都有做圣人的可能，只要肯以尧舜的人格为榜样，把自己的道德本性发挥出来。所以孟子承认“人皆可以为尧舜”。这表示成圣非不能也，在不为也。荀子主性恶论，但其目的在于使人改变恶性，遵守礼义规范，培养自己的德性。所以荀子认为“途之人皆可以为禹”，即人人都可以成为像大禹那样的圣人。

突出圣人在道德品质上的榜样力量，也是颇具现实性的。社会上毕竟只有极少数人才会成为天子，而且只有少数天子才会成就伟大事功。如果着重强调事功上的治国安邦平定天下，那么成圣就对普通人失去了意义。而如果强调道德品质上的完善，那么成圣就与每个人相关了。人可以从事任何职业，但都不可能不要道德。因而圣人可能出现在从事任何正当职业的人身上。同时，强调道德品质上的完善对于事功并无妨碍，好的道德品质应该有助于人在自己所从事的职业上成就很好的事功。

“满街都是圣人”，表达了儒家对于在现实社会中实现圣人这一理想人格的美好愿望和对于人性的自信。

二、内圣与外王：修齐治平的展开

成人与成圣是直接针对个体的人格修养而言的，但人类的本质决定了人格的完成必须在人与人的关系中才能最终实现。所以成人与成圣也不是关起门来就可以做成的，或者说即使自己成人成圣了，还必须影响和帮助别人成人成圣，造成天下太平的和谐局面，才能叫真正的成人成圣。这就是儒家“内圣外王”的观念。内圣外王也是儒家对理想人格的一种表达。

1．内圣外王之道：三纲八目

儒家的内圣外王有它的实际操作程序和培养方法，这就是先秦儒家经典《大学》所概括的“三纲八目”。三纲，是指“明明德”“亲民”与“止于至善”。八目，是指格物、致知、诚意、正心、修身、齐家、治国、平天下。八目是具体操作程序，而三纲是贯穿于这个程序之中的内在纲领和精神实质。

“明德”的意思是美好光辉的德性，“明明德”就是彰显人本有的美好光辉的德性。亲，通新，亲民即新民，乃使民众去恶自新，即教化民众之意。儒家称颂的圣王商汤有一个沐浴用的盆子，上面刻了几句话用以自警，是为《盘铭》，其云：“苟日新，日日新，又日新。”沐浴之盆是用来沐浴人身的，沐浴是为了除人身之垢，去人身之污，这样人身才会干净而有新的面貌。《大学》引汤之《盘铭》的寓意是：人心亦当如人身勤加洗濯以去恶，从而培养出善的德性来。“止于至善”有两个方面的含义，一是使自身德性达到至善。朱熹以为至善是“事理当然之极”，即事物在某方面或人在某种社会角色上，都有其相应的最恰当的德性要求。所以《大学》说：“为人君，止于仁；为人臣，止于敬；为人子，止于孝；为人父，止于慈；与国人交，止于信。”“止于至善”的另一种含义是指达到“平天下”这样一个最好的社会状况。两方面的含义可以贯通起来：只有自己达到至善，然后才能达到平天下的至善之境。

就三纲与八目的关系而言，从格物到修身五目，都属于“明明德”之事，乃内圣之功；从齐家到平天下三目都属于“新民”之事，乃外王之业；而“止于至善”既可以说是贯通“明明德”与“新民”二纲以及八目者，又可以说是此二纲与八目发展所能达到的最佳效果。

2．自修以内圣：修身为本

在三纲当中，明明德是本；在八目当中，修身是本。修身而后能明明德，所以修身又更为根本。从八目的排列顺序来看，应当以“格物”为起点，可为什么儒家要强调以第五目“修身”为本呢？其实八目中的前五项都属于修身的范畴，讲的是修身的具体步骤，而后三目都是以修身为出发点逐步扩展开来的。所以不能因八目的自然顺序而以排在首位者为本，而应该从精神实质来判断并以修身为本。儒家修身与佛道两教之修身有别，后者强调炼气炼形，即通过呼吸止观之法修炼身体，而前者之修身乃纯从道德上下工夫。即使后世儒家吸收了佛道修炼之法而主静坐之类，其精神仍在德性工夫而与炼气炼形有别。儒家以德性修身是为了实现内圣。

儒家修身是从格物致知开始的。据一般的理解，格物致知本属于认识活动。认识活动本来应该是通过对外在对象的观察和分析，从而获得关于对象的客观知识这样一种活动，但儒家却倾向于把它理解为“穷理尽性”以获得道德体证的道德活动。在这里，格物之“物”，主要不是指自然的物体对象，而是指与人相关之“事”。人从这些事里面学到做人的道理。所以，格物致知也是修身，其所致之知即为人之道。修身要求先要透彻了解（“知至”）做人的道理，真正让做人的道理充实于心间。试想，如果一个人根本不知道何为善，他又怎会诚心向善行善呢？如果一个人不能诚心向善行善，就表示他一定没有透彻了解何为善。这表示知善乃向善行善的前提。因而，《大学》所谓“知至而后意诚”，与古希腊哲人苏格拉底的“知识即美德”说有异曲同工之妙。

所以，通过格物致知，真正懂得了善的知识和做人的道理，然后才能诚心向善而施之于道德实践。此“诚心向善”在八目中就叫“诚其意”，即做到诚实而不自欺欺人。所谓“不自欺”，是要求做到“慎独”，即使在独处的时候也常常警惕自己不要有不善的念头与行为，要对得起自己的良心；所谓“不欺人”，是说不要当面一套背后一套，扬己之善而隐己之恶。若要人不知，除非己莫为。任何欺骗行为最终都会暴光，都只会是自欺。如果一个人不诚实向善，而只是为了某种非道德性的目的虚情假意地行善，那当然是不道德的，也达不到修身的目的。

做到了“诚意”之后，就要“正心”了。愤怒、恐惧、逸乐、患得患失之心等等都属不正之心。可是，这些心态是每个人都会有的。如果按照“诚意”说，一任这种实际心态发展出来，必定可能与道德要求相抵触，所以有必要“正心”。不正之心人所不能免，关键是当它有所表现的时候要及时察觉并使之复归于平和中正，这就是“正心”。所谓“发乎情止乎礼”也是这个意思。

修身必须从格物致知再到诚意正心，一步一步做来，整个过程是由“外在”的人间物事逐步内在化，并归之于“心”。这个被内化的东西就是通过穷究物事之理（格物）而得到的做人的道理（致知），也就是德性。对德性有透彻了解必能使德性充实于人的心间，使人做到诚实不自欺（诚意）。以真诚之心调整自己内心偏激的情绪使之复归于平和中正（正心），这是真正有修养的表现。所谓以真诚之心来调整情绪，是说这种调整乃以真诚的道德认知为前提，以诚心向善行善为目的，而不是为了掩盖某种自私阴暗的目的。这整个过程就是修身的过程，也就是儒家“内圣”的过程。可见，儒家内圣是一种纯粹而真诚的道德认知与体验，它得以展开的场地就是“心”。

3．教化以外王：齐家治国平天下

作为内圣的修身是个体的自修，主要是在个体内心完成的工夫。它虽然也与外在人事发生关系，比如“格物”，但那还是由外而内的，是为了从外在人事形成道德认知与体证，从而使人意诚、心正而身修。八目中的修身之后，是齐家治国平天下，由内而外展开为一个与外在人事打交道的过程。这个过程就是儒家的“外王”，其实现途径和手段是“教化”。《大学》三纲中的前两项，将自己的“明明德”与教化民众的“新民”挂起钩来，正提示我们应该从道德教化的角度来理解齐家治国平天下等自身之外的事。

由修身外施于人的第一个层面就是家庭，即所谓“齐家”。中国古代社会建立在血缘家庭的基础之上，家庭关系是社会最基本的关系。家庭是任何人首先遇到的社会关系，它不仅是人们生活的摇篮、精神的港湾，也是人最初获得知识与道德的重要场所。然而，家庭首先是一个情感的集中地，它容易由于情感上过于亲昵而导致偏听偏爱、没有规矩，以致与伦理规范的培养有冲突。所以《大学》讲要治好家就要先修身，而这里的修身主要是防止情感上好恶的偏陷。儒家之重视家庭伦理正是要在难以培养伦理精神的地方培养起伦理精神来，这样能使这种伦理精神更加深入人心，更加稳固。在家里尚且如此，何况在外？

整个儒家伦理道德的框架，都可以看作是家庭伦理关系的扩展，这是由家国同构的社会结构关系决定的。比如，在家里对父母的孝，可以移于事国君；在家里对兄长的尊敬，可以移于外而事尊长，等等。所以《大学》说：“一家仁，一国兴仁；一家让，一国兴让；一人贪戾，一国作乱：其机如此。”好坏善恶都可以由家庭伦理中滋生出来。从治国到平天下也是同样的思路，只不过影响和推扩的范围更广了。

儒家这种齐家治国平天下思路的灵魂是：道德教化与效仿。

其中有如下几点意思值得注意：第一，这种教化的内容是培养伦理道德品质，而非传授具体实际的客观知识；第二，身教重于言教，身教的感化力量更强；第三，上行下效的社会风尚也是教化得以实现的社会条件；第四，教化的主体有两种情形，一是天子，二是一般君子。天子有家有国有天下，因而最能直接实现齐家治国平天下，天子言行的影响也最大，所以儒家对天子是寄予厚望的。那么，在政治权力上没有国、没有天下的人，怎么办？难道这八目只适用于天子一人？非也。《大学》明确说了从天子到老百姓，所有人都要以修身为本。不是天子、不是国君，但你总生活在天下，在某一国、某一家，你的自身修养依然可以影响到周围的人而起到感化人心的作用。你的修养层次越高，感化的力量就越强，感化的地域范围就越大，时间就越长。由此亦可见，儒家的齐家治国平天下，并非如有人所理解的这是儒家重事功的证据，因为这里并没有谈到如何增加财政，如何富民以改善民生等问题，而纯粹是谈道德教化，使整个社会形成良好和谐的局面。

所以，儒家的外王也并非从事功上讲而是从道德上讲的，它与内圣的内在本质是完全一致的。正因为这种一致，才有可能从内圣推扩出外王来。若是二者性质不同，如何推扩？这与儒家讲王道政治是完全一致的。王道与霸道相对。霸道讲究的是经济实力，外在法制的强制性规范，以力服人；而王道讲究的是道德仁义，内在的德性修养，以德服人。“王”字有一重涵义是“往”，意思是真正的王者乃是依靠自身的德性感化民众，使民众自愿往随做他的子民，拥戴他为王。儒家伦理文化的本质于此有着比较充分的体现。只是在长期的伦理理论建设与道德实践中，儒家有一种重内圣而轻外王的倾向，这当然不利于完善人格的培养。

三、善心与善行：存心养性与积善成德

高尚人格的养成、美好德性的培养和对旁人的感化，都必须落实到具体的道德实践上。感化者必须通过善行来表现自身的德性，被感化者也必须通过善行来证验德性感化的成功。所以，在儒家看来，人格修养除了在“心”上下工夫，还必须在“行”上用力，即有善心还要有善行。

1. 每个人都有一颗本来善良的心

在儒家看来，每个人都有一颗本来善良的心。这是儒家伦理思想（尤其是孟子一系）的一个大前提，它使得行善和感化得以可能。一个罪大恶极、坏事干尽的人，我们说他“丧尽天良”。天良，就是天生的良心。只有先有良心然后才有丧失的问题。每个人都有良心，做坏事则是由于良心被蒙蔽造成的，是没有按照自己的良心去做。如果做了坏事之后，心中有不安，表示这个人“良心未泯”；如果做了坏事之后，没有什么不安，那他的良心就已经被深深地尘封了。但只要有人能够将他良心上的这层灰尘抹掉，他的良心还会显现。或者有可能他自己受到某件事或某句话的刺激而重新找回自己的良心。

良心就是本来善良的心，儒家伦理认为这是每个人都具有的。良心是抛开任何思虑和利害计较的。譬如一个小孩子眼看就要跌到井里去了，任何人乍一看到都会立刻产生一种惊骇同情之心，都会有一种想伸手去拉一把的冲动，就像不由自己控制的条件反射那样。这种心情的产生，并不是为了要和那个小孩的父母攀什么交情，不是为了在乡里朋友中间博取什么名誉，更不是因为厌恶那个小孩的哭声。总之，这种心情的产生不是出于任何现实利益和其他世俗条件的考虑，而是油然而生的。这就是孟子所说的，每个人先天就具有的“恻隐之心”，也就是同情心，它是良心或良知的一种体现。其他如“羞恶之心”“辞让之心”“是非之心”均是如此。

还是回到“恻隐之心”来。看到了触动自己良心的事，需要自己出手相助的事，并不意味着立刻就会有相应的道德行为产生，而没有相应的道德行为产生也并不能否定人的良心已经被触动了。接下来的事情是由人的理性起作用的。有的人良心动了之后，马上被某种另外的顾虑平息了，所以没有出手相助；有的人良心动了之后，考虑的是用什么样的办法出手相助最好。譬如，一个人落水呼救，你马上在心中升起一股同情心并想要跳下水去救，这就是良心触动了。但是如果你根本不会游泳，你会跳下水去救吗？如果你跳下去了，结果可能更糟，可能是两条人命。这时，最好是稍微考虑一下用什么方法最合适。比如，向路人呼喊求助，找长竿去够落水者等等。其实这也正是我们平常了解到的急救办法。这是理性的态度，并不妨碍我们的良心，因为良心已经在这之先就被触动了。违背良心的行为是虽有动于衷，并有能力、有条件，却见死不救。现实生活中考验人的良心的事，还有许许多多更复杂的情形。

2．保护善心：存心养性

每个人都有一颗本来善良的心，按道理来讲我们只要按照这颗心的指示去做，就应该无往而不善了。心学大师王阳明就是这样认为的，他说："你心中的那一点良知就是你自己的准则。一旦你起了一个念头，这个念头是善是恶，良知都会知道，一点都瞒它不得。你只要不欺骗自己的良知，实实在在地照着良知去做，善便存，恶便去。顺着良知而行是最稳当快乐的。"（《传习录》）这是从理想的、形而上的意义来讲的，落实到现实生活中情形很复杂，很多时候顺着良知而行，说起来容易做起来难，因为现实生活中会有许多另外的考虑可能会欺骗蒙蔽自己的良知，所以王阳明也特别提到要"不欺骗自己的良知"，这是把这一点当作按良知行事的一个前提条件。

虽然每个人都有良心、良知，都有善心，但它们往往容易被欺骗和蒙蔽，所以每个人都应该对自己的那点良知和善心加以保护，以便由良知和善心引出善行来。对于良知和善心的保护，是孟子一系儒家伦理所特别提倡的，他们把这种做法称为"存心养性"的工夫。

"存心"，就是保有善良的本心，使之强固不失；"养性"，就是培养人本有的善良本性，使之更加自觉。人的善良本性就存在于人的内心深处，是人心所固有的，不是通过道德教化等手段自外强加的。不管你意识到还是没意识到，心性都本善，所以“存心养性”的工夫并不是要培养出本来不存在的善良心性来，它只是为了加强人的善良心性，使它发挥出来，从而实现一种道德的自觉与自信。

孟子说：“养心莫善于寡欲。”（《孟子·尽心下》）养心也就是存心。一旦面临现实的道德行为选择，人们的善良本心就容易被欺骗和蒙蔽。为什么？因为人心总有欲望，人的欲望太多了，自然就会患得患失，犹疑不定。心中不同的考虑多了，良心的声音就会被掩盖。而如果没有那么多欲望，没有太多的利害计较，那当然更容易照着自己良心的指示来行为。“养性”的目的与“存心”一样，是要保有那善良的本心本性，但做法与克制欲望的“存心”有点不一样，它是从正面来引导人心中所具有的仁义礼智之类的善良本性。

一想到善良，可能总容易在人的脑海中浮现出一种没有什么欲望的，纯朴、温厚而老实的人的形象，甚至是“人善被人欺”的懦弱形象。儒家不希望“存心养性”的修养工夫会是这样一种结果。于是，孟子提出了以“养浩然之气”的方法来“存心养性”。这种浩然之气是充塞于天地之间的至大至刚之气，同时又将它与道义相配合，成为一股道义之气。人如果能存养这样一股气于心中，那人就在气势上能挺立于天地之间，人善良的本心本性也会因此带着一股“道义在我”的气概，不可侵犯。它使善良的人兼具一种刚性的气质而不再懦弱，它使善良的心有了推扩出来的底气而不再畏缩。也正是运用这样一种“存心养性”的方法，才能形成孟子所谓的大丈夫精神——富贵不能淫，贫贱不能移，威武不能屈。这种精神是一种坚持操守而不移易的美德。

3．积累善行：积善成德

有善心固然可以引导出善行来，但并不必然会引出。因为人心中总会有欲望相伴，即使孟子也只说“寡欲”没说“无欲”或“禁欲”。“存心养性”的工夫固然重要，但毕竟主要是着眼于心性之源，不太考虑现实的道德行为。而德性的本质必须在现实的道德实践中才能体现出来，不能仅仅停留在心中。你心中所想，心中的道德感有谁能看得见呢？我们说某人是一个道德高尚的人，说他德性好，那是因为我们看到或听到他做了道德高尚的事情。而且严格说来，德性不能只体现在一件事情上，必须体现在许多事情上。因为德性应该具有一种稳定性，稳定性只有在多件事情上才能体现出来。德性的稳定性必然会使带有此种德性的某类行为具有稳定性，因而必然会多次发生，不可能只发生一次。如果某人经常做出道德高尚的事来，我们就能确定他心中确实有一种自觉的德性力量在支撑他的行为。

德性之所以有一种稳定性，原因之一就在于它本来就是从善行的积累而形成的。儒学大师荀子就主张“积善成德”（《荀子·劝学》）。积累善行与存心养性一样也是德性形成的必要条件，前者使德性在现实实践中体现出来，后者使德性出于人心的自觉而非被迫。如果把德性比作一条河，那么积累善行是河之流，而存心养性则是河之源，河之浩大与否要看此河是否源深而流广。

冰冻三尺非一日之寒，古人很早就知道了这个道理。成书于商周之交的《易经》坤卦卦爻辞中就有这么一句："履霜坚冰至。"意思是今天踩到了霜，就知道天气会渐渐变冷直至形成坚冰。这本是从自然界总结的规律，几百年后《易传·文言》的作者把它应用到了社会道德领域。他说："积善之家必有余庆，积不善之家必有余殃。臣弑其君，子弑其父，非一朝一夕之故，其所由来者渐矣！"意思是无论是好结局还是坏结局，都是由于善行或恶行的积累所致，所以平时积累什么要特别谨慎。善德和恶德一样都是从平时细微之事积累而成的。有的人以为某件善事太细小了，觉得不够伟大，而不屑为之；有的人以为某件恶事太细小了，觉得做了也没什么关系，便随意为之。这两种心态都是极不利德性之养成的。就像千里之行始于足下，登临高山必自山脚一样，德性的培养要从身边具体而细微的善事上做起，不断积累，而不必是什么伟大的事，也不可能一蹴而就。

有意思的是，在传统社会上层精英文化中，人们似乎更重视"存心养性"；而在下层的民间文化中，人们似乎更重视"积善成德"。两者似乎存在一定程度的割裂。而就理想的人格修养而言，当然应该将两者结合起来。

四、精神与品格：自强不息与厚德载物

上节提到孟子以"养浩然之气"来"存心养性"，其目的是培养人的道义气概和德性力量，使人顶天立地。这里面有一种强大的精神力量和坚韧的品格。"浩然之气"是充塞于天地之

间的，所以培养了浩然之气的人也应该挺立于天地之间，做一个堂堂正正的大写的“人”。不仅仅是立于天地之间，儒家还主张直接效法天地以成就自身的德性，完善自身的人格。效法天自强不息的精神，效法地厚德载物的品格，是儒家最看重的精神与品格，它使人格充满力量。

1．效法天地，成就品德

儒家伦理有天人合德的传统，人往往从天地自然物那里汲取成德的资源。天地自然物无思无虑，自然而行，本没有什么德性可言，但人可以先将它人文化，然后从人文化的自然现象中领悟到某种德性的力量，并用以完善自己的德性。这种思路其实很普遍，尤其在文学家的笔下经常出现。比如有这么一句文学性的表达：“秋风秋雨愁煞人。”秋风自在那里刮着，秋雨自在那里下着，何曾有什么情感？如何能使人愁？愁的是人自己罢了，倒是人自己把这点愁绪放到了秋风秋雨上。经文学家一渲染，以至于人一见到秋风秋雨本来没愁也容易发愁了。这就是自然的人化。伦理学家也采用类似的手法来感化人心、培养德性。

自强不息、厚德载物这两种精神与品格就是这样深入国人之心的，甚至成为了中华民族的民族精神。这两种精神与品格来自于对天地而非一般自然物的效仿。《易传·乾·大象》说：“天行健，君子以自强不息。”《易传·坤·大象》说：“地势坤，君子以厚德载物。”君子自强不息的精神是从效法天之运行健动不已而来的，君子厚德载物的品格是从效法大地顺从于天而包容万物而来的。

民国时期，梁启超先生在清华大学作《论君子》的演讲。他以自强不息、厚德载物的“真君子”精神，勉励清华学子崇德修学，勇肩重任，走上社会能做中流之砥柱，挽狂澜于既倒，促国族之进步。后来，清华就以“自强不息、厚德载物”为校训，激励着一代又一代清华学人。

清华大学校训碑

2．自强不息，士当弘毅

儒家强调人生天地间，能参天地赞化育，凸显人的主体性与能动性；儒家强调以德性为人的安身立命之本，以人的德性与天合德，从而加强德性的力量；儒家强调积极入世，改造社会，天下兴亡，匹夫有责。正是这种积极进取、刚健有为的思想，培养了中华民族自强不息的伟大精神。

自强不息的精神，源于责任之重大，目标之高远。曾子说：“士不可以不弘毅，任重而道远。”（《论语·泰伯》）弘，是刚强的意思；毅，就是毅力。弘毅就是自强不息的意思。自强，即刚强；不息，即有毅力，有耐力，能持久之意。不刚强则不足以担重任，无毅力则不能任久远。弘而无毅，则强劲之势无法维持；毅而无弘，则仅能隐忍苟且以免难。能自强不息，必有一股强大的韧性和担当意识。孔子为了宣传自己的学问，发扬周代的文化，一生奔走列国，畏于匡，厄于陈，困于蔡，知其不可而为之，“发愤忘食，乐以忘忧，不知老之将至”（《论语·述而》），正是这种自强不息之精神的绝好注脚。

孔子在陈绝粮图

自强不息的精神帮助中华民族度过了一个又一个难关而绵延不绝，自强不息的精神支撑着志士仁人经受了一个又一个磨难而奋发图强。自强不息的人是战胜自我的勇者，自强不息的人是中华民族的脊梁。孟子有一段名言：“故天将降大任于是人也，必先苦其心志，劳其筋骨，饿其体肤，空乏其身，行拂乱其所为，所以动心忍性，曾益其所不能。”（《孟子·告子下》）担大任、成大业，必须有坚强的意志、坚定的信心、坚毅的品格，不畏艰难险阻，能经受一切磨难。儒家十分看重忧患意识，不沉湎于逸乐，居安能思危。孟子说：“生于忧患，死于安乐。”（《孟子·告子下》）以生死说忧乐，劝勉人自强不息而不懈怠的话，恐怕没有比这更严重、更让人警醒的了。

自强不息的精神，也源于人的自尊、自信。自尊，是人对自身价值的自我肯定，对自己人格的自我尊重。只有自尊，才能自信，并激发自强精神，奋发向上，积极进取。中华民族有着高度的自尊心和自信心。古人认为，人为万物之灵，是宇宙万物的主宰。就人的个体而言，每个人都由天地气化而生，与天地万物具有共同的本质，因而每个人都具有共同的本质：人皆可以为尧舜。所以，古人强调自尊自信，反对自我轻贱，自甘下流。强调三军可夺帅，匹夫不可夺志。试想如果毛泽东同志没有“自信人生二百年，会当水击三千里”的自信与豪情，又怎能走过那艰难的岁月并带领人民开辟中国新纪元？要别人承认自己的价值，首先得自己肯定自己的价值。爱人敬人者，人固亦爱敬之，但若不自敬自爱，也无法获得他人的尊重。自尊并非盲目自大、狂妄骄傲，它是对人的生命所具有的道德价值的肯定，是对人的本质力量的崇敬。所以泰州学派的王艮把“尊身”与“尊道”看作一回事。

3. 厚德载物，有容乃大

大地之德，深厚宽广，顺承于天而容受万物，促进万物以和谐生长。人若效仿大地的这种德性，就应该做到宅心仁厚、胸怀宽广、巨细能容、器量宏大、严己宽人、与人为善；做到温（温和）、良（善良）、恭（庄重）、俭（节俭）、让（谦逊）。厚德载物之德的核心精神是“有容”，有容乃能体现君子的德性，乃能成其博大和宽广。

厚德载物之德，首先表现在对自己的严格和对他人的理解、体谅、宽容上，即严己宽人，与人为善。《论语》说：“宽则得众。”“躬自厚而薄责于人，则远怨矣。”“躬自厚”就是严格要求自己，“薄责于人”就是宽厚待人。孔子倡导的“仁人”人格，就具有极为宽厚的气度。他在回答子张问仁时说，能做到恭（庄重）、宽（宽厚）、信（诚实）、敏（勤敏）、惠（慈惠）这五点，就能算是仁人了。

儒家学者在处理人己关系时历来强调反求诸己，认为遇到人己矛盾或受到他人非礼待遇时，首先不要抱怨、指责别人，而应反躬内省，检讨自己是否做得尽善尽美，仁至义尽。孟子说：“有人如此，其待我以横逆，则君子必自反也：我必不仁也，必无礼也，此物奚宜至哉？”（《孟子·离娄下》）意思是说，别人待我横蛮无礼，君子须反躬自问，一定是自己做得不仁、无礼，不然怎么会发生这种事呢？

为什么他人横逆待我，我却不能横逆视之呢？孟子在这里隐含着一个理论前提，即他人与我一样具有善良的本性。因此，对他人的道德品质予以潜在的肯定，并积极通过内省改过的方式与他进行沟通，促进他人改变态度，逐渐向善。这样，作为君子，面对他人的横蛮无理，自然不但不能心生不满和怨恨，相反要反求于内，自我反省，严格要求自己，更加诚心诚意地、加倍地去敬爱他人。所以孟子又说：“爱人者人恒爱之，敬人者人恒敬之。”只要我们善待他人，就必然能得到他人善待的回报。

需要注意的是，厚德载物式的胸怀宽广、与人为善等等，应该避免无原则性，避免纵容败德恶行。它应该以仁善为标准和目的，应该有对善的积极肯定，而不是对恶的姑息。善与恶是不可调和的，对恶的容忍就是对善的戕害。因此，不念旧恶，不记人过，必须以不违背仁义为前提。这样才能避宽容之弊而扬宽容之长，使人与人之间在道义的基础上相互同情、体谅和理解，促进人我共同的道德完善。

五、生活与志向：孔颜乐处

在儒家看来，人格修养不应该是痛苦的，而应该是快乐的。这与古希腊的犬儒主义和佛教徒的苦行以忍受痛苦、经历磨难的方式来修行的方法不一样。在儒家看来，生活是十分重要的，不同的人有富贵贫贱不同境遇，那么处于贫穷和痛苦中的人，是否就可以放弃自己的道德修养呢？不然。儒家认为，生活中的痛苦和磨难更能考验一个人的修为，在这里重要的是这个人是否为自己立定了一个崇高的志向。如果一个人志存高远，那么生活中的不如意又算得了什么呢？如果一个人没有什么志向，只是为忍受生活中的痛苦而活着，即使此人有一种坚强的品德，那又有什么意义呢？真正伟大的人格，应该有伟大的志向，并以此为乐。所以，立定志向也是儒家人格修养和精神培养的内容，这一点可以从儒家的“孔（子）颜（回）之乐”上得到充分的体现。

1．孔颜之情

颜回是孔子最喜欢的学生，他们两人的感情也超过了师生之情，而直如知己，如父子。

孔子曾经对颜回说，如果有人能实行我的学问和治道我就干，不用就藏起来，绝不苟且，恐怕只有我和你才能做到这样吧。孔子自述的意思无非如后来的孟子所言“穷则独善其身，达则兼善天下”（《孟子·尽心上》）。颜回可是比孔子小三十岁啊，竟能让孔子说出这样的跟同辈知心朋友才会说的话。这可把性情耿直的子路给妒忌死了，子路可不服气。大概也是仗着只比孔子小几岁的年龄优势，他常常敢跟孔子争辩。这次他说，老师您如果要率军打仗那找谁呢？言下之意当然是非子路莫属了，子路可是孔门弟子中的大军事家。孔子呢，故意刺激他，说我才不找鲁莽而不怕死的人呢，我要找临事之时能恐惧、谨慎又善于谋略的人。言下之意，颜回才是这样的最佳人选。

颜回对孔子也极为尊敬，甚至把他当作父亲一样看待。孔子在匡地被囚禁起来后，颜回冒险赶来，孔子说：“我还以为你死了呢。”颜回答道：“老师还健在，学生怎么敢死。”

颜回

然而，不幸的是，颜回还是过早地先孔子而去了。孔子对颜回的死痛苦极了，他喊道："老天爷你这真是要我的命啊！要我的命啊！"弟子们见孔子太伤心了，怕伤了身子，就劝他节哀，可孔子说："我这算悲伤过度吗？我不为这样的人伤心，要为谁伤心呢？"颜回的同学们见颜回生前太贫困了，就想把他的葬礼办得隆重一点，于是就背着孔子凑钱厚葬了颜回。为什么要背着孔子呢？因为颜回的父亲曾请求孔子把车给卖了，然后为颜回买具双层的好棺材。颜回的父亲也是孔子的学生，他也是看到孔子非常喜欢颜回才敢提这个要求的。可没想到孔子不愿意，这也是后人诟病孔子的一件事，觉得孔子小器。其实只有孔子才真正懂得颜回的心。他知道颜回一生清苦，厚葬绝非颜回之所愿，这有违颜回生前节俭的品德。而且有钱就把葬礼办得好一点，没钱就办得简朴一点，何必要打肿脸充胖子，借钱来办呢？这只不过是安慰生者之心而与死者没有任何关系。孔子自己的儿子死了，也是薄葬。因此，厚葬颜回不符合孔子和颜回的做事风格。但颜回的同学们还是把颜回给厚葬了，孔子知道后很伤心，他喊道："回啊！你把我当父亲一样，我没能做到把你当儿子那样。但这不怪我啊，是你那几个同学干的。"

2．颜回的贫与乐

颜回被后人排在孔门七十二贤之首，不幸的是32岁就英年早逝。有人说颜回是死于营养不良，这话并非全无根据，因为颜回生前确实穷得叮当响。他住在贫民窟的破巷子里，家里除了一箪饭、一瓢水这两样维持生命的最基本的生活资料外，其他什么都没有了。任谁处在这样的贫苦生活中都不免要为生计而忧愁，可颜回竟然还“不改其乐”。为此，孔子对颜回大加赞赏，反复叹道：“贤哉，回也！贤哉，回也！”孔子也说过自己只要有点粗茶淡饭，弯着胳膊当枕头睡觉，“乐亦在其中”！这对师徒怎么了？贫穷有何可乐？他们到底乐什么呢？“孔颜乐处，所乐何事”，正是宋代理学自周敦颐开始提出的一个颇为重要而严肃的问题。

有人说，这表示颜回的修养极高，面对贫困很善于调整心态，能以苦为乐。这看上去很有点精神胜利法的味道。其实苦就是苦，乐就是乐，怎么可能以苦为乐呢？所谓以苦为乐，并非是苦本身有什么可乐的，而是苦之外另有某件事值得乐。宋儒在议论“孔颜乐处”时，无不认为颜回的这种贫穷生活本身没什么可乐的，颜子之乐另有其事。

那么颜回到底以什么为乐呢？不外以学问为乐，以德行为乐，以道义为乐。这三事其实就是颜回的理想和志向所在。他几乎把全部精力都放在了这三件事上，以至于丝毫没把生活上的贫困放在心上，因而根本不存在知足常乐式的面对贫困调整心态的问题。

颜回的好学是得到过孔子的高度肯定的。鲁哀公曾经问孔子，你的弟子中谁最好学？孔子说颜回最好学，可惜死得早，他死后我没见过像他那样好学的了。好学这一点颜回跟孔子很像，孔子亦曾自信十户之内没有像他这样好学的。颜回对孔子的学问崇拜得五体投地，曾感叹老师的学问“仰之弥高，钻之弥坚”，高深莫测。他对孔子讲的话没有不喜欢的。听孔子讲课从来不走神，不懈怠的，只有颜回一个人。颜回好学好到什么程度呢？大概也跟孔子一样到了“发愤忘食，乐以忘忧”的程度，所以才会不以生活贫苦为念。

孔子曾经整日整日地给颜回讲课，颜回从来不提什么问题，像是很笨的样子。但颜回是真的笨吗？不但不笨，而且是头等聪明的人。因为颜回上课不活跃，于是孔子就暗地里观察颜回，发现他与同学私下里的议论对他所传授的学问发挥得很好，于是得出结论“回也不愚”。孔子的得意门生儒商之祖子贡是相当聪明的人了，但与颜回比起来呢？颜回超过他近十倍，因为颜回闻一知十，而子贡只是闻一知二，这是子贡自己心甘情愿地承认了的，而且经过了孔子的认可。更让人吃惊的是孔子对子贡说：“我和你都不如他。”这么聪明的人，若真想改变生活状况，赚点小钱，难道不是易如反掌吗？况且他的同学子贡是当时的巨商，其商业网和人脉关系甚为宽广，让他带一带做点生意，不也是太容易的事吗？可是颜回不干。非不能也，实不为也。又可见颜回全不以生活贫苦为念。

好学而又聪明、勤奋，古往今来，这样的学生都特别能得到老师的喜欢，而如果这样聪明的学生不恃才傲物能尊敬老师，不跟老师抬杠，那老师就根本没任何理由不喜欢这个学生了。颜回就是这样一个人。他对孔子极为尊敬、极有礼貌，完全遵礼而行。他听课不发问而发呆的样子，他对孔子的话没有不喜欢的，诸如此类的表现，一方面说明他好学，另一方面也说明他对孔子的尊敬。可以说是，吾爱真理亦爱吾师。这就是颜回的德行。

颜回对孔子的尊敬还只是他在德行上用功的表现之一。颜回的学问本应算是第一了，但他并不是一个读死书、死读书的人。就学问与德行相比，他的德行比学问更要突出，孔门本来更看重德行，颜回则被排在德行第一。孔门的学问并不仅仅停留在纸上、文献上，真正的学问在生活实践中，在德行修为中。孔子在跟鲁哀公说到颜回是最好学的弟子时，谈到的原因就是颜回能“不迁怒，不贰过”。“不迁怒”就是善于控制自己的情绪，不乱发脾气，不把在这个人身上受的气发泄到另一个人身上，不把在此处受的气发泄到彼处；“不贰过”就是善于承认错误，改正错误，使同样的错误绝不犯两次。这两点看起来容易，做起来非常难。

概括起来，颜回德性方面的修为主要体现在礼和仁两个方面。而这两个方面正是孔子一生学问的核心之所在，在最高境界上两者是结合在一起的。颜回曾向孔子问仁，孔子的回答是“克己复礼为仁”，也就是说视、听、言、动各方面都要遵礼而行，就可以算得上仁了。颜回听了之后说，我虽然笨点，但还是要尽量做到老师所讲的这一条。颜回就是这样一个人，要把所学化为所行，而且他确实是做得最好的。按照孔子的说法，颜回能够做到三个月这么长时间地不违背仁德，而其他同学只能有一天或最多一个月不违背仁德。要知道仁德可是极高的德行，可以概括一切美德，孔子是不轻易许人以仁的。

更进一步说，颜回在学问与德行上如此用功，其所求无非是“道义”。孔子说：“朝闻道，夕死可矣。”（《论语·里仁》）又说：“不义而富且贵，于我如浮云。”（《论语·述而》）还说：

“士志于道，而耻恶衣恶食者，未足与议也。”（《论语·里仁》）这就是孔门“谋道不谋食”“忧道不忧贫”的传统。颜回正是这种精神的最佳实践者和传承者。

有人说，儒家这是在鼓吹贫困，什么“君子固穷”，什么“不患寡而患不均”之类都是这个论调。其实不然，儒家是承认财富的，认为贫与贱是大家都不想要的，富与贵是每个人都想要的；而且还有富民的思想，有“制民之产”的措施，认为天子如果不使百姓的日子过好，他的政权就无法存在下去。无论从国家社会还是从个人的角度，儒家都没有宣扬贫困的意思。所谓“不患寡而患不均”也只是针对社会财富分配不均、贫富分化严重将带来社会动荡这意义上来说的。儒家丝毫没有要人固守贫穷的意思，也并不反对发财致富，只不过认为要取之有道，违反道义去发财才是儒家所鄙夷的。所谓“君子固穷”也只是说君子在走投无路的情况下，会依然固守道义，而不会像小人那样胡作非为。这个“穷”不是贫穷的意思，而是穷途末路的意思，当然也可以包含由于贫困而造成的穷途末路。可见，儒家“谋道不谋食”“忧道不忧贫”的意思只是道义比财富更重要，所体现的是一种道义精神，而绝不是宣扬贫困，不许致富。

颜回每天在学问、德行和道义三事上用心若此，以至于孔子说只看到他每天都在进步，从来没看到他停止过。孔子说：“知之者不如好之者，好之者不如乐之者。”（《论语·雍也》）试问如果不是对这三事真正地“乐之”，颜回能如此用功，有如此进步吗？在这三事上，颜回自得其乐，他又怎么会有时间和心思去想生活贫困之事，又怎么会对生活贫困耿耿于怀、愁苦不已呢？

3. 颜回的精神与启示

颜回死了，但他的精神却是不死的。且不论其所乐之事的具体内容，单就他那种对自己所喜欢的事情能心无旁骛、全身心地投入这样一种精神，就足资借鉴。有这样一种精神，假以时日，什么样的事情干不好呢？如果颜回没死这么早，他一定是孔子学问和精神的传承者，以他对学问、德行和道义的用功来看，他或许能更好地发展孔子的学问，儒学也可能会呈现出不同的面貌。

古来成大事业者，无不需要颜回的这种精神。要有颜回的这种精神，必须像他那样有志向而且志向坚定，否则也做不到像他那样的投入。这个志向应该足以作为人的精神寄托。很多人正是因为没有这种志向和寄托，所以只有养家糊口的职业，而没有安身立命的事业。很多人志向不坚定，在生活困难和其他事情的干扰面前会轻易放弃事业。

能对人的志向和事业心造成强大冲击的不外乎两件事，一是贫，二是穷。所谓贫就是物质生活条件很差；所谓穷就是处于穷途末路，英雄无用武之地。颜回可说是两样都碰上了。但他还是乐其所乐，志向不改。也正是这种坚定的志向成就了颜回丰富的精神生活。所以，尽管颜回在物质的现实生活中是贫穷的，但他的精神是富有的。儒家更看重的是精神的富有，而不是物质的富有和现实的穷达。我们常听到这样一种说法，说某某人穷得只剩下钱了，意思就是他在物质上虽然富有，但精神上却是贫困的，这样的人很容易因为有了钱而堕落和困惑。

只有精神生活丰富的人，才能真正消受钱财而不为钱财所惑。我们也看到许多真正的企业家和大富豪，他们虽然腰缠万贯，但平常生活却十分节俭。赚钱和享受物质生活并不是他们人生的最终目的，他们更看重的是在赚钱活动的过程中能发挥自己的聪明才智，实现他们的更高理想，从而获得一种精神上的满足。而正是这种精神上的满足，促使他们不断进取，把事业越做越大。

人伦与社会

个体人格修养的成果，必须放在广泛的社会关系中才能获得检验。所以，我们在上文所谈到的人格修养绝对不是独自一人关起门来就可以实现的，它必须在社会人伦中完成。伦，是条理的意思；人伦就是人与人之间有条理的关系。这种条理是通过伦理道德来疏通的。儒家伦理把社会上人与人之间的关系条理化而概括为五种关系，即所谓五伦：君臣、父子、夫妇、兄弟、朋友。除了君臣关系，其余四种关系一般来讲是古往今来每个人在他一生中都会遇到的最基本的几种社会关系。这里没提到的一些社会关系也一般可以归入这五种关系当中的一种或多种，比如师生关系可以归之于父子关系，因为古人有"一日为师，终身为父"的观念；在现代也可归之于朋友关系，因为师生之间可以互相切磋学问，共进于道。有人还可能会说，现在没有了君臣关系，所以这五伦的概括不具备超越古今的适用性。其实，上下级的关系、领导者与被领导者之间的关系都是可以参照君臣关系的。当然，在现代社会，传统的人伦关系只能起到一种可资借鉴的参考作用，而不能简单地取代现代人伦关系。因为在新的社会条件下，人与人之间的各种关系不仅应该有新的具体形式与之相适应，而且产生一些新型的人伦关系也是不可避免的。

在长期的君主专制统治下，传统社会五伦关系中除了朋友关系，其他四种关系都主要表现为一种单向性的伦理关系，即强调臣、子、妻、弟这一方对相应的另一方君、父、夫、兄的绝对服从。这对于稳定封建等级秩序曾经起到十分重要的作用，但是显然不适用于注重人的个体性、主体性的近代启蒙价值影响下的现当代社会人生。不过我们还应该注意到，儒家伦理还有一种对五伦关系作双向性界定的传统。所谓双向性，即同时考虑人伦关系的双方，而不是只强调一方对另一方的片面的责任和义务。比如《孟子》对“父子有亲，君臣有义，夫妇有别，长幼有序，朋友有信”（《孟子·滕文公上》）的概括。这些双向性伦理关系的界定体现了人与人之间的相互理解和相互尊重，它对传统社会的人伦关系有深刻而实质性的重大影响，也对处理好现代社会人际关系具有积极的借鉴意义。

一、君臣有义

尽管只有少数精英才会拥有君臣关系，但在以政治为中心的传统社会中，君臣关系是最基本、影响最大的一种人伦关系，因为它与社会的发展和稳定关系最深。《诗》云：“普天之下，莫非王土；率土之滨，莫非王臣。”天子富有四海并拥有至高无上的权力。传统社会是君主专制社会，后来居然从君权至上引申出了“君要臣死，臣不得不死”这样极端的思想观念与做法。其实只有少数昏君、暴君才会无故而要臣死。身为人君，天下安危系于一身，当知身上的责任重大，若真想让自己的天下永保不失，谁会轻易滥用自己手中的无上权力？天下之大又岂能真由一人而不靠群臣来维系？所以，君和臣是相依存而不可分的。各家各派的思想中也或多或少、或明或暗地对君权有些限制。在儒家看来，限制或联络君臣关系的核心因素是道义，即所谓“君臣有义”。君臣有义对君臣的伦理关系作了双向界定，这种界定是从孔子的“君君臣臣”思想开始的。

1. 君君臣臣

关于君臣关系，孔子曾提出“君君臣臣”的思想。有人认为这是董仲舒“君为臣纲”思想的来源，董仲舒的意思正是孔子的意思，即君权至上，臣绝对服从于君。其实，董仲舒的意思可以说是这样的，而孔子的意思却并不是如此。董仲舒对君臣关系的规定是单向性的，而孔子的规定是双向性。孔子的意思只不过是说：君要有君的样子，臣要有臣的样子。有一次孟子谒见梁襄王，出来之后就跟人讲：“这个国君，远远望去，根本就不像个国君的样子。”在儒家看来，君臣各有其相应的礼仪乃至神态气质，各有其应尽的责任和义务。所以，“君君臣臣”并不是单单用来限制臣的。

基于“君君臣臣”这种双向性界定，儒家的君臣关系内涵发展出了君仁臣忠、君惠臣忠、君义臣行、君义臣忠等许多模式，但都不外乎“君臣有义”。“君仁莫不仁，君义莫不义。”（《孟子·离娄下》）君能以道义待臣，臣亦将以其道事君，君臣道义相勖，荣辱与共，方能成就平定天下之大业。而就君臣之“义”的具体内容而言，各有礼义、仁义、忠义、道义之异同，下面略加叙说。

2. 君使臣：欲为君、尽君道

孟子说："欲为君、尽君道。"（《孟子·离娄上》）当国君有为君之道，自然不能任意妄为。为君之道以修身为本，君主应该通过增强自身的德性来教化臣民以治国平天下，这是儒家"为政以德"的德政、德治思想的核心理念。《荀子》专列《君道》篇讲为君之道，也正是以修身为治国之本。他说："我只听说过君主要修身，没听过怎样治国。君主就像日影测时标杆，标杆正则影正；君主又像盘子，盘子是圆形的，盘里的水就是圆形的；君主就像盂，盂是方形的，盂里的水就是方形的。"这是讲君主要以身作则，树立好的榜样，避免坏的影响。"吴王好剑客，百姓多创瘢；楚王好细腰，宫中多饿死"（《资治通鉴·汉

唐太宗

纪三十九》）就是君王败德的坏典型。一代明君唐太宗对此也颇为警觉，他是君主自觉修身的好典型。他把君比作水之源，把臣下比作水之流，欲使流清必使源清。曾经有一个大臣上书唐太宗请求去佞臣，并且出主意叫太宗假装发怒，如果继续犯颜直谏的就是忠臣，见风使舵者就是佞臣。唐太宗说你的建议好是好，但我想使诚信布天下，不想使诈，并根据他的君臣源流原理，说："君自为诈，欲臣下行直，是犹源浊而望水清，理不可得。"（《贞观政要·诚信第十七》）

具体而言，有德有道之君对待臣下当在如下三个方面下工夫。

一是君使臣以礼。孔子说："居上不宽，为礼不敬，临丧不哀，吾何以观之哉？"（《论语·八佾》）意思是为君者对臣下如果不宽容，不以礼相待，将会失去臣下的拥戴。这里"使臣以礼"的"礼"并不是简单意味着遵照既定的外在礼仪规范以待臣下，而必须有内心的尊敬，即如《孝经》所说："礼者，敬而已矣。"出自内心的尊敬才表示对臣下人格的尊重。在君臣的相互关系中，君如何待臣占主导，是因；臣据此作出相应的行为，是果。所以，君使臣以礼，然后才有臣事君以忠，如果君不使臣以礼，则臣可以另择君主。

二是君有仁德。君臣关系本源自父子关系，父子关系以相亲仁爱为基本特征，所以"君惠臣忠""君仁臣忠"，保留了一些父子亲情关系的痕迹。君要像父亲那样慈惠仁爱，臣要像儿子那样孝忠于君。忠亦本源于家庭伦理中的"孝"。后来，孟子从某种形上的普遍人性角度阐发了君具仁德的理论基石。孟子尤其注重发掘君主内心固有的恻隐之心，也即仁爱之心，以此发之于政，是为仁政。天子仁民爱物，自然及于臣下。有仁爱之心的君主，对待臣下不仅仅是颇带距离的尊敬，而且还心灵相亲地加以保护。“爱卿”是我们所熟知的天子皇帝对其大臣的爱称，这也是要求君有仁德在制度上的一种小小的体现。君爱护关心臣下，而不是把臣下视作奴才犬马，臣下才更有可能效忠于君。

三是君主要能代表道义。君主治理天下，要对天下兴亡负责，要关心民生疾苦，而不能以天下养一人，这就是“道义”之所在。所谓“民贵君轻”（孟子），所谓“天下为主，君为客”（黄宗羲），都表示道义在君之上。君若不能代表道义，贤臣则可另择明君以辅之，而不必吊死在一棵树上。正所谓“君固择臣，臣亦择君”。孔子也说“邦有道则仕，邦无道则可卷而怀之”（《论语·卫灵公》），其所谓“邦”之有道无道，实质就看君主之有道无道，即看君主是否能代表道义。君主的道义除了代表天下人的公利之外，也包括上述待臣以礼义、仁义。

3．臣事君：从道与从君

臣下事君以礼本是对臣下的最低要求。无礼，则君臣秩序混乱，既体现不出君主的威严，也体现不出君臣之间的相互理解和尊重。

据《史记》记载，汉高祖刘邦初定天下，废除了秦朝的礼仪，一切从简。但渐渐地他对这种情况有了不满，因为每次朝会都乱哄哄的，有的甚至还醉酒舞剑，就像个闹市一样。对刘邦知根知底的一些大臣更是无所顾忌。这时，大儒生叔孙通向刘邦建议制定宫廷礼仪。刘邦同意了，并命叔孙通着手制定并演习。于是叔孙通跑到礼仪之邦鲁国去征召了三十名儒生到长安，跟他一起制定宫廷礼仪。一个多月后，礼成。在第一次以这种礼仪朝会之后，刘邦高兴极了，他说这下才真正尝到当皇帝的滋味了，感觉真好。

春秋之世，礼崩乐坏。臣强而君弱，僭礼之风盛。臣下多不以礼事君，以至出现了以礼事君的人反被认为是谄媚小人的情形。不过，单从形式上看，严格遵循相关礼仪以事君的行为，确实难以分辨是有德君子的行为，还是谄媚小人的行为，两者在形式上有相似性。宋代有个宰相叫王圭，当时就有“三旨相公”的“美誉”，因为他上朝只会说三句话，“取圣旨”“领圣旨”“已得圣旨”。这个大臣不可谓不守礼，但“自执政至宰相，凡十六年，无所建明，率道谀将顺”（《宋史·王圭传》），乃地道的谀臣小人，庸碌无为，谈何裨益于君王社稷？正因为这样，儒家并不以是否以礼事君作为臣德的本质内涵。

礼，首先是个外在形式。就君臣关系而言，臣更重要的是要内心忠诚于君。如果忠于君自然会遵礼而行，但遵礼而行却不一定忠诚于君。所以从正面回答定公问臣如何事君的问题时，孔子说的是“臣事君以忠”（《论语·八佾第三》），而不是“事君以礼”。忠君，即尽心竭力服事君主。主要体现在忠于职守而不贪利，敢于犯颜直谏而不欺，乃至愿意献出自己的生命。忠君是君臣关系中臣德的一种主导性的内涵。但我们也知道“愚忠”是不人道的。而且从历史上的政治行为来看，忠臣之忠又往往通过君主之暴虐昏庸而得以突显，最彻底的忠心耿耿的忠臣最终多以“惟余一死报君恩”式的愚忠了结一生。“忠”对于臣的力量不可谓不大，尤其在“移孝于忠”“忠臣不事二主”等观念的指引下，臣子渐渐地失去了自身的独立人格，直至成为君主的“奴才”和家产。

“忠”与“愚忠”实不易区别，所以魏征很明确地跟唐太宗说：“愿陛下使臣为良臣，勿使臣为忠臣。”（《旧唐书·魏征传》）所谓良臣，即贤良之臣，必有助于君王之事业和苍生社稷。而忠臣强调的只是忠心耿耿、忠于职守等等而不必胸怀大志成就伟业。所以，单讲“以忠事君”是不够的且流弊不少。孔子在“事君以忠”之外更提出“以道事君”（《论语·先进》）的观念，以补其不足。忠臣何以能忠于职守而不贪利？何以能冒死进谏？在儒家看来，不仅仅是由于君待臣以礼义、仁义，所以臣“感皇恩之浩荡”而献忠心，更深层的原因在于臣子身肩“道义”。臣事君之“礼义”“忠义”都可归之于“道义”，而道义除含礼义、忠义之外，那就是与真正有为之君的志向一样，即以天下兴亡、百姓利益为念。

君臣关系若能统一到这层“道义”上来，以道义为准绳，则两者之间的礼义、仁义、忠义之类均可便宜处之。将孔子的“以道事君”再推进一步，孟子强调“格君心之非”（《孟子·离娄上》），荀子强调“从道不从君”（《荀子·臣道》），显示了先秦儒家在君臣观念上的活力。当然这一思想的产生亦与当时乃乱世而无统一之主相关，所以臣可择主而事。但其中充分肯定的人的主体性和能动性之精神则可适应于任何时代。

“以道事君”的观念古已有之，儒家只是对它作了概括。商之伊尹以臣子的身份，竟敢流放天子太甲；周之周公以臣子的身份，竟敢摄政数年之久。他们的行为于礼无据，但没人指责他们违礼，因为他们心中有大忠、大义。先秦儒家之后，“以道事君”的观念更加自觉，尽管在大一统的时代没有“择主”的机会，但依然可以用“道义”来匡正君主的过失。唐代贤臣魏征是有名的谏臣，以至唐太宗都对他颇为敬畏。无论伊尹、周公，还是魏征，若无一种“道义在我”“从道不从君”的气概和胆量，又岂能做出此等非常之事来？至于礼义廉耻之类臣德修为，若有“道义”在肩，又何需多言？

可见，儒家在君臣关系上的观念，最要紧处和最有价值者在于“君臣有义”，这个义就是“道义”，君臣能在“道义”上同心同德，何愁大业不成？真正在历史上对社会发展和国计民生有益的君臣关系模式，是“君臣有义”而不是片面强调“臣忠”。

二、父慈子孝

儒家思想得以产生的社会结构基础是宗法制，宗法制是以血缘亲情为基础的，血缘亲情就体现在家庭之中，而传统家庭关系的核心是父子关系。所以，宗法制下人伦关系的根源和基础在父子关系，君臣关系也是父子关系的引申。这主要是因为传统中国是一个农业大国，它需要的是长期居于某地的稳定性，而父子之间的血缘亲情正是最初最重要的稳定线索。传统的父子关系在当代社会可以扩大，应当适用于父母与子女之间的关系。

1. 父子有亲

因为父子关系缘于血缘亲情，所以父子关系首先应该体现为“父子有亲”（《孟子·滕文公上》）。

父母对子女的慈爱是一种无私的天然之爱，是人类最质朴的自然情感。母亲在孕育和抚养子女的过程中，体会到自己神圣的职责，获得内心的充实与完善；父亲通过抚养教育子女证实了自身的价值，使他更加坚定、成熟、完善。亲子间的血肉联系使他们的情感深深融入生命之中，成为生命不可分离的一部分。哪怕一个十恶不赦之徒，他的内心都可能会深深地藏着对子女的爱。“父子一体，天性自然。”（《后汉书·王帝传》）北宋苏辙说：“父母之戒其子，谆谆乎惟恐其不尽也，恻恻乎惟恐其不入也。”“师之爱弟子，不启不发；君之爱臣子，不取不忠。”“父母则不然。子虽不肖，岂有弃子者哉？是以尽其有以告之，无憾而后止。……故父母之于子，人伦之极也。”（苏辙《栾城集》卷二十五）父母对子女的爱，是人类最真诚、最无私的爱。

子女对父母的爱亦何尝不出自天然？孟子讲过：“孩提之童，无不知爱其亲者。”（《孟子·尽心上》）孩童对父母亲的爱是一种纯粹的自然亲情之爱，是对父母亲所给予他的爱的一种自然反应。古有为父母守“三年之丧”的礼制。孔子的学生宰我曾因抱怨丧期太长而被孔子斥为“不仁”、没有良心。

孔子从情感的角度解释了为什么要有“三年之丧”：我们要长到三岁才能免于父母的怀抱，三年之丧是对父母之爱和养育之情的回报。当然，在现代对父母之爱的回报不必体现在守丧三年上，更应体现对父母在生时的孝敬上。虽然“三年之丧”的礼制形式不必保留，但“三年之丧”所包含的对父母之爱的回报却是真诚而永恒的。

孔子不主张父子之间在别人面前相互揭发错误，孟子不主张父子之间互相责怪，都是因为这样做太伤父子之间的感情了。一个人一生中如果没有得到过或没有付出过父爱和母爱，在情感体验上就是不完善的。父母与子女之间的亲情很宝贵，无论父母与子女之间有什么矛盾，矛盾有多深，无论产生矛盾的原因是什么，他们之间的亲情是无论如何都不会泯灭的。

2．严慈相济

在中国传统家庭中，父亲的形象是“严父”，子女对其称之为“家严”；母亲的形象是“慈母”，子女对其称之为“家慈”。这是由于在中国古代社会，教育子女主要是父亲的职责，母亲则主要照料子女的生活。一般来说，传统家庭中父亲的感情是藏得比较深的，大多数时候或在表面上，父亲都是一副严肃的面孔，而在内心深处，父亲有着与母亲一样深沉的对子女的慈爱。

儒家认为，父母对子女的慈爱不仅在于养，更在于育。传统家庭的父母有着强烈的望子成龙的心理，对子女的培养往往倾注了毕生的精力。他们以慈爱之心把孩子带大，谆谆教育培养孩子的人格和品德，上了七岁就为子女择良师、选良友，勿使近恶而使之渐趋于善，快快长大开化。真是可怜天下父母心！自古及今，父母之心何异！他们对子女的教育包括品德、知识、技能、交际等各个方面，目的是使之成为一个优秀的社会成员。

在儒家看来，父母对子女的爱，一要均，二要严。均，即对所有子女平等相待，不可厚此薄彼，如果对于喜欢的子女就宠着，对于不喜欢的子女就不太关心，这样难保他日不起争端。俗话说，一龙生九子，个个不同。子女中难免有贤不肖之异，但手掌手背都是肉，父母不应该有好恶厚薄的不同。《颜氏家训》对此有告诫说："自古以来，父母对所有子女的爱很少有能平均对待的，其弊甚多。有时偏爱某子，虽然是想给予厚爱，但往往害了他。"上古圣王舜帝的生母死得早，父亲与继母都对舜很不好，而对舜的弟弟象则宠爱有加，最终养成了象桀傲不驯的坏脾气。还有先秦时郑庄公的弟弟共叔段因从小得到母亲的宠爱，终于走上谋反叛乱、自取灭亡的道路。

所谓严，一指父母对子女要有威严，二指对子女要严格要求。儒家特别强调，父母对子女的爱不能是偏爱、溺爱，不能表现为满足子女的一切欲望和需要，而是给子女以立身成人之本，培养子女的道德品质和生活技能，为他们今后更好地生活打下坚实的基础。所以父母对子女应该严与慈相济为用。南北朝后期名儒颜之推就明确意识到了这个问题，他在《教子》中说道："父子之间不能太亲昵，但骨肉亲情又不能太严肃。太严肃了就难以培养慈孝之情，太亲昵了又容易没大没小不成体统。"父亲的威严和严格要求确实对父子之间的感情造成障碍，但是古人认为，“慈父多败子”“棍棒之下出孝子”，威严和严格能使子女有所畏惧，于是不敢做坏事，所以往往还是以严为主，把慈深藏，或者由母亲扮演慈的角色，以调节父子之间由于严所造成的感情疏离。于是“严父慈母”成了传统家庭教育的经典搭配模式。

3．孝有四义

“孝”是儒家伦理的核心观念之一，是指子女善事父母的态度与行为，是基于亲子的自然联系和长期共同生活而产生的子女对父母的依恋、信任、尊敬与感激之情，是关系人类代际接续与传承的一种特殊的历史规定和社会特质。儒家对孝极为重视，认为对父母的爱是人类一切爱的源泉，孝是人类最基本、最自然的德行，并把“孝”作为整个道德体系的核心，一切道德的出发点和基础，所以说“百善孝为先”，而不孝则是天地不容的罪恶，所以《孝经》说“罪莫大于不孝”。

儒家“孝”观念的内涵非常丰富，归纳起来，对父母的孝大体有如下四义：孝养、孝敬、孝礼、孝义。

第一，孝养，即赡养父母。

《礼记·祭义》：“曾子曰，孝有三：大孝尊亲，其次弗辱，其下能养。”

孝养是孝敬父母最起码的要求。父母为哺育子女付出了毕生的心血，倾注了天地般深厚的爱。他们年老之后，身心均需人照顾，子女应该竭尽自己的能力赡养父母，使他们度过安逸的晚年。“慈母手中线，游子身上衣。临行密密缝，意恐迟迟归。谁言寸草心，报得三春晖。”孟郊的这首《游子吟》，曾牵动过无数游子的思亲之情。孝养父母，就是对父母养育之恩的回报，包括关心父母的身体健康，侍候父母的饮食起居，尽力满足父母的各种要求等等。

第二，孝敬，即尊敬和敬爱父母。

《论语·为政》说：“今之孝者，是谓能养。至于犬马，皆能有养。不敬，何以别乎？”

赡养父母只是孝的起码要求，但还不够，还必须进一步做到“敬”父母。如果对父母不敬而养之，那么这种“养”与对犬马的“养”有什么区别呢？所以孝敬比孝养更重要。孝必须从内心尊敬父母，尊敬父母的人格和意愿。但对父母的尊敬与对其他长者的尊敬还有些区别，那就是对后者可能不必有爱，而对父母却还有着一种深深的爱，这就叫敬爱。儒家主张对父母和他人的爱应该有差等程度之别。所以孝敬首先要做到尊敬而又能敬爱。

对父母的敬爱主要靠“孝顺”来体现。儒家伦理要求子女无条件地服从父母对自己生活的安排，遵照父母的意志来行动，对父母的一切言行不得有任何反抗，包括对父亲志向和事业的继承。这是由古代家国同构的宗族制社会性质决定了的。现代社会家国不同构，核心家庭与社会有一定距离，子女走上社会外出谋职，其所处的环境可能与原来的家庭相距甚远，这时候父母未必有能力安排好子女的生活，父亲与子女的志向和他们所从事的职业未必一致。所以无条件服从父母的所有意志，在现代社会当然是不可能也没必要的，子女在外应该多多自己思考，以安排好自己的生活，不让父母牵挂。

在孝顺和顺从父母这一点上，儒家还要求子女对父母要保持和颜悦色，这在现在依然有重要意义。虽然“和颜悦色”似乎只是一种外在表现，但它能带给父母精神和情感上的愉悦和满足。即使你完全按照行孝之礼来对待父母，帮父母做事，有给父母吃的喝的，但同时又没有好脸色没有好声气，显得心不甘情不愿，不但不顺承父母之意，不考虑父母的感受，甚至随意顶撞父母，摆脸色给父母看，那怎能体现你对父母的敬爱呢？那怎能叫真正的“孝”呢？因为子女摆脸色会给父母带来精神和情感上的深深伤害。当然，这种摆脸色不一定是直接针对父母的，很可能是由于生活和工作上的各种原因而产生的坏心情的一种自然流露。现代社会节奏很快，工作紧张，尤其是三十几岁这个年龄段，家庭和事业都刚刚起步，十分辛苦，难免会有些不高兴的情绪。所以孔子都说对父母保持和颜悦色是难得的。不高兴的情绪即使不是针对父母，但父母看到后可能会更加难过，因为“儿子的不幸在母亲那儿总是要加倍的”（史铁生《我与地坛》），天底下的父母谁不希望自己的子女过得开心幸福？

《礼记·祭义》说：“孝子之有深爱者，必有和气；有和气者，必有愉色；有愉色者，必有婉容。”

子女内心也充满了对父母深深的爱，但由于各种原因有时可能会使这种爱被暂时掩盖而不自觉，这就需要我们把自己的生活安排好，使自己开心并时常注意把这层爱的掩盖物拭去，在面对父母时有意识地注意自己的神色。

第三，孝礼，即按照礼制的规定来事奉父母。

我国是礼义之邦，孝自有孝之礼。孔子在回答鲁国大夫孟懿子问孝时，只说了两个字“无违”，意思是不违反礼制。详言之，父母在生时，事之以礼；父母逝世了，葬之以礼；接着还要祭之以礼。事生之礼有许多的规定，比如：“见父之执，不谓之进不敢进，不谓之退不敢退，不问不敢对，此孝子之行也。”（《礼记·曲礼》）除了事生之礼，儒家对葬礼和祭礼也特别看重。所谓“慎终追远”（《论语·学而》），所谓“追养继孝”（《礼记·祭统》），都是强调丧祭的重要性。送死是养生的延续，它表达了子孙对逝去长辈的怀念。同时，古人极重祖宗血脉的延续，家庭、婚姻的意义主要在于祭祖和续统。要使祖宗的灵位永远有人供奉，祭坛上的香火永远不熄，生育后代也就成了孝敬父母的重要内容之一。所以孟子说：“不孝有三，无后为大。”（《孟子·离娄上》）

儒家关于礼的规矩是很多的，一一去做会不会太形式化？先秦儒家在理论上考虑了这一问题。孔子讲过，“仁”是礼乐的核心。如果一个人内心不仁，那么礼乐就只是一个外在的形式罢了。所以很明显，孔子并非一个礼的形式主义者。何谓“仁”？“仁者爱人”，因此孔子要求以一种内在的“爱”来施行行孝之礼，而遵礼行孝也正是要加强这种爱。正是由于礼之内在有一种爱，所以孔子的弟子曾子才说“慎终追远”可以导致“民德归厚”，即能以丧葬之礼使民风淳朴。

第四，孝义，这里我们指的是正义之孝、道义（人道）之孝，与愚孝相对。

人们常引用孔子的“父母在，不远游”（《论语·里仁》），来批评儒家的孝是对人子独立人格的束缚，是愚孝。其实，这是没有耐心听完孔子的话而造成的误解，孔子紧接着说了四个字：“游必有方。”“好男儿志在四方”，应该出去闯荡一番以成就自己的事业，而不能被“父母在，不远游”束缚住了。孔子的意思是说，非要离开家乡外出营生的话，就要把父母安顿好，时常报个平安，让父母知道你的去向，以免父母为你担心。从这里我们看到孔子不失为一个通情达理的“圣之时者”，以及他对行孝主体之独立人格的肯定，孔子并不认同把子女当作父母的财物可以任由处置的做法。

《孔子家语》记载了一个曾子行孝的故事：有一次曾子耘瓜地，不小心把一个瓜锄掉了，曾子父对此大发雷霆，操起大棒向曾子打来，曾子也不躲，硬是被打昏了。曾子醒来后还慰问父亲怎么样了，不仅如此曾子还回到房里故意弹琴，目的是告诉父亲自己没事，请父亲不要担心。孔子对此事很不以为然，批评曾子这不是真正的孝。孔子举例子说，舜事父至孝，但当父亲要杀他时，却怎么也找不到他。父亲用小棒打他，他不躲，但如果用大棒打，就逃走，这样不仅可以免于父亲因为错杀儿子而陷于不义之地，而且自己依然可以活着对父亲行孝。可见，在孔子看来，盲目的孝敬和孝顺并非真正的孝，而是愚孝。

荀子还提出了“从义不从父”（《荀子·臣道》）的观点以反对愚孝。人无完人，父母也会有过错的时候。如果父母有过错，子女该怎么办呢？还是“顺着”他们吗？这时候为子女应当小心委婉地劝谏而不能一味盲从。也就是在道义与父命之间发生冲突出时，要“从义不从父”。如果不谏止父母的过错，将陷父母于不义，那就是不孝了。荀子认为服从正义、不服从父母不合理的要求，是做人的最高德行。这表明，为人子者对事理应该有自己独立的判断，不能唯父母之命是从。

元代学者郭居敬编了一个“二十四孝”的本子作为童蒙读物，对于孝文化的传播起了巨大的作用。但看过那些孝子的故事后，我们不禁要问，其中有多少可以称为真正的“纯孝”？如老莱子已经是白发苍苍，七十岁的人了，还穿着五色彩服作婴儿啼哭状，只为博得父母一笑。不知道老莱子的子孙看到他这个样子会是什么感觉。我们从这里只能看到滑稽与可笑。而如果老莱子的父母需要儿子这样做才能开心，那只能说这两位老人的心理已经变态了。再如，郭巨为了节省口粮供养母亲，竟然忍心将孩子活活埋掉。难道就没有别的办法供养母亲了吗？我们从这里只能看到残忍。这都是所谓的“愚孝”，是对孝养、孝敬和孝礼的极端强化所致，是不人道、不正义的。

老莱子娱亲图

三、夫和妇顺

从人类社会演化的角度来看，先有男女，然后才有夫妇，有夫妇然后才有父子，有父子然后才有君臣，有君臣然后才有上下关系，这是儒家伦理的基本观念之一。男女关系首先是一种自然关系，夫妇关系是在自然关系的基础之上结成的家庭关系，也是最基本的社会关系。从这个意义上说，其他一切社会关系都发端于夫妇关系。儒家伦理中夫妇关系的精神实质是夫妇和家庭的和谐，强调妇顺从于夫也是这一精神实质的体现，而不是刻意要造成人格压迫。当然，不可否认的是，在长期的男尊女卑观念和传统专制条件下，这种顺从关系确实会客观地造成一些压迫妇女人格的负面影响。

1．伉俪和谐，教化之原

两性间的吸引、爱慕是夫妻关系的生理心理基础。协调夫妻关系首要的道德要求，就是夫妻之间相互恩爱，和谐共处。夫妻关系不同于其他的家庭关系，夫与妻之间不存在血缘上的联系，相互爱慕才是维持夫妻关系的内在因素。儒家也承认这一点，强调夫妻以义合，须以情相系。《诗》云：“妻子好合，如鼓琴瑟。”夫妻应如琴瑟一样相互和谐，共同谱写、弹奏生活的乐章。

儒家并不否定、反对夫妻之间的情爱。《礼记·礼运》说：“饮食男女，人之大欲存焉。”肯定自然欲望是人的基本需要。

儒家经典《诗经》开篇第一首《关雎》就是描写男欢女爱的诗，另外还有不少也是描写、歌颂男女爱情的。夫妻有爱则亲，无爱则疏，恩爱相亲是对夫妻关系最基本的道德要求，没有爱的夫妻关系和婚姻是不道德的。

因此，儒家肯定夫妻间忠贞的爱情，而斥责那些忘恩负义的薄幸之徒。汉光武帝的姐姐丈夫死后，看中大臣宋弘。光武帝想为其穿针引线，宋弘拒绝了，理由是："臣闻贫贱之交不可忘，糟糠之妻不下堂。"这句话后来成为表达夫妻忠贞爱情的名言。据刘《隋唐嘉话》记载，唐太宗想把女儿嫁给尉迟敬德，问尉迟敬德意下如何，可没想到他敢拒绝。尉迟敬德说："吾妻虽是鄙陋之人，但不失夫妻情份。古语说，富不易妻是仁的表现。我很想做到这一点，请陛下理解。"唐太宗听后大为嘉许，并放弃嫁女于尉迟之念。宋弘拒绝汉光武帝嫁姐，尉迟拒绝唐太宗嫁女，这类事情书之于史，尚多有之，表明了儒家对夫妻情感的肯定态度。

在古代，人们把夫妻比作鸳鸯、比翼鸟、连理枝、并蒂莲，追求夫妻恩爱、白头偕老，传说着一个个优美动人的爱情故事，无不说明恩爱和谐的夫妻关系是传统家庭所追求的范型。"教化之原必自一夫一妇始，所谓理之正，情之至也。试观乡里小民，男耕女织，夫倡于前，妇随于后，岁时伏腊，互相慰藉，虽历辛勤而不怨。"（王韬《园文录补外编·原人》）夫妻关系作为家庭中最亲密的人际关系，在长期相依相存、耳鬓厮磨的生活中，会产生深切的依恋、亲密之情，并且由于传统家庭的稳定性而使这种夫妻之情保持得更加久远。

儒家虽然承认夫妻之情的重要性，但反对溺于情，而坚持以义制情，即要求夫妻双方的行为都必须符合理义。元代王结作《善俗要义》（王结《文忠集》卷六）就曾告诫为夫妇者，男女情爱之私容易使人陷溺其中而不自知，为夫者往往唯妇言是从，至与父兄反目，使得一家人互相憎恨，失去礼义廉耻而灭人道。所以，为夫者应该以身作则，不听私言，不徇偏见；为妇者应该温柔和顺，敬其夫君，谨守妇道。如此则夫妇和而家道正。现代社会无论从社会结构、家庭结构还是思想观念上都与古代社会有了很大的差异，在现代社会如何使“夫妇和而家道正”很值得研究。王结的话意味着：夫妻关系并非纯粹的自然关系，它实质上是建立在两性自然联系基础之上的社会关系。因而，夫妻关系除了恩爱情感之外，还有一系列的社会义务和责任，夫妻应当履行对配偶的道德责任，同时也应当履行对他人（自己的和配偶的父母兄弟）和社会的道德责任，应当维护相关的家庭关系。这正是夫妻关系之为教化之原的一种体现。所以，儒家虽然重视夫妻之情，但反对把夫妻之情作为夫妻关系的最高要求，而坚持夫妻之义要高于夫妻之情。

2. 夫妻一体，同甘共苦

儒家认为，夫妻恩爱相亲，就是为了身心如一地同甘共苦。同甘共苦是恩爱相亲的具体表现。恩爱相亲就是要求夫妻之间相互关心、相互体贴、相互帮助。有了幸福，夫妻共同分享；有了痛苦，夫妻共同承担，相互抚慰；有了困难，夫妻共同克服，相互扶持。夫妻是一个共同生活体，他们要共同创造生活，共同体验人生的酸甜苦辣。因此，儒家坚持“夫妻一体”（《礼记·丧服》）的原则。

儒家重视整体思维，惯于把客体对象纳入一个统一的体系之中，而忽略单个个体的意义。有阳必有阴，有男必有女，阴阳合于道，男女合于家。但两者又有主有从，这种思维反映在家庭中就是“家无二主”，女人没有独立人格，她依附于丈夫。从名义上看，妻与夫相匹，与夫并立，实际上二者并不平等，妻子是依赖于丈夫的，其身份决定于丈夫的身份。《礼记·郊特牲》说：“共牢而食，同尊卑也。故妇人无爵，从夫之爵，坐以夫之齿。”牢，指祭祀用的牲畜，共牢而食即是说与丈夫享受同样的祭祀。在家庭中的长幼之序不以本人的年龄论，而按丈夫的年龄计。尊卑以齿论，妻以夫齿具有礼法上的尊卑意义。

儒家夫妻一体、同甘共苦的观念还通过礼法加以规定和强调：夫贵妻荣，夫罪妻辱。礼制规定，妻子不具独立人格，除极个别贵妇和特例外，她们没有独立的社会身份，而只能夫贵妻荣。丈夫加官进爵，妻子便可获得相应的封号。如周代，天子之妻为后，诸侯之妻为夫人，大夫之妻为命妇。《唐六典》规定：“王母、妻为妃，一品及国公母、妻为国夫人，三品以上母、妻为郡夫人。”宋代郡夫人以下分设淑人、硕人、令人、恭人、宜人、安人、孺人等。明清一二品官之妻均授夫人，三至七品官之妻分授淑人、恭人、宜人、安人、孺人。

与夫贵妻荣相对应，丈夫如果犯罪，妻子也要负连带责任。秦设连坐之法，夫犯死罪妻子一并处死。汉代夷三族，夫谋逆妻亦弃市。晋明帝以后，丈夫谋反大逆罪才不处死妻子，而没为官奴或赐臣为家奴，或发遣边戎以充军妓。即使贵妇人，其夫犯罪也不能获免。唐常乐公主因其夫赵环之罪而被杀，北景公主因附马柴令武之故而赐死。在夫权制家庭中，妻子本无干预大事的权利，更不能从事社会活动，丈夫犯罪株连妻子，是对妻子独立人格的否定。

从积极意义来看，正是这种“夫妻一体”使得传统家庭比较成功和稳定。因为一个家庭只有一种事业，夫唱妇随，妻子以丈夫的事业为事业，相夫教子就是她的事业。就像单拳出击的力量比双拳出击的力量更强，由于妻子的支持，丈夫的事业会更加顺利，而且通过夫贵妻荣、子贵母荣的社会道德和制度规定，她在家的事业也能得到社会的认同。在这种道德观念和社会制度下，为妻者往往会有更多的幸福感。现代社会不同了，妇女走上了社会，有了自己的工作和职业，经济上能自立，真正实现了与丈夫的平等。但现代家庭的稳定性却不如古代，这不仅仅是思想观念的不同造成的。现在是一个家庭，两种事业，夫妻各忙各的事业，难得一体。家庭、小孩谁来照顾？现在做妻子的比古代做妻子的要辛苦多了，既要工作还要照顾家庭。现代的丈夫也比古代的丈夫辛苦多了，也是既要工作还要照顾家庭。这必然使得现代的丈夫和妻子的家庭温馨感减弱，从而为家庭动荡埋下危机。所以西方曾出现过让妇女回家做“家里人”的运动。可是，在现代道德观念和社会制度下，妇女在家里的“事业”是没有获得认同的途径的，妇女呆在家里做“家里人”需要很大勇气。所以，现代妇女比古代妇女面临的问题并不见得少，只会更多。

3．相敬如宾，相互尊重

夫妻是家庭中最亲密的人际关系，它建立在两性个体间相互吸引、相互倾慕的基础之上。在家庭生活中，夫妻相互帮助，其职责分工具有互补的性质。要协调好夫妻关系，双方应相互尊重。儒家也十分重视夫妻关系的这一原则，并把它概括为“相敬如宾”。

儒家讲夫妻相互尊敬是以肯定夫妻社会地位的差别为前提的。夫妻的地位差异表现为名份，在这个名份中规定着各自的权利和义务，规定着对对方应当承担的道德责任。一旦确立了名份，就应当尊重对方的权利，积极履行自己的责任。夫妻相互尊敬包括三个方面的内容：第一，尊重对方对自己的感情，忠实于夫妻关系，无论男女都不应有贰心。第二，夫妻双方应以礼相待，不能以亲昵取代礼，而要保持一定距离，尊重对方的人格。第三，夫妻双方应以诚相待，不能相互欺骗，以保持相互间的信任，信任就是尊重的一种表现。

举案齐眉图
（明·陈洪绶　绘）

中国历史上有许多夫妻相敬如宾的典型。如春秋冀缺夫妇

“相待如宾”，汉代梁鸿孟光“举案齐眉”等等。相敬如宾的核心精神是相互尊重，忠诚于对对方的道德责任，而不能贵则傲、贱则轻。所以，汉代朱买臣之妻因朱买臣早期贫困以打柴为生，就瞧不起朱买臣而弃之若敝屣，被千古不齿；梁鸿夫妇深山为佣，相亲相爱举案齐眉，而传为万世佳话。

当然，由于传统家庭的男尊女卑的现实，使得相敬如宾主要是强调妻子对丈夫的尊敬与顺从，而不是平等的相互尊重。儒家承认夫妻间的地位差异，肯定夫为妇之天，但反对丈夫欺压、凌辱妻子，而主张在礼义的范围内给予妻子应有的尊重，同时还应虚心接受妻子合理的批评和意见。妻子对丈夫的尊敬，也并非表现在一味顺从，也表现在对丈夫的过失作善意的批评与规劝，不姑息迁就。姑息迁就适足以害之，而善意的批评与规劝，则有利于丈夫及家庭的长远利益，有利于建立健康、和谐的夫妻关系，促进夫妻人格的共同完善。

历史上著名的乐羊子读书无恒心，其妻断绵停机相诫的故事，就是夫从妻谏而成就功名的典范。又如春秋时齐国有位车夫因为替相国晏婴赶车而沾沾自喜，趾高气扬。他妻子对他说，你看人家晏子身高没过六尺，权重一国，名满天下，却待人谦和。而你呢，身高六尺，为他驾车，还一副不可一世的样子。坐车的不骄傲，你赶车的有什么好骄傲的？妻子的话犹如当头棒喝，他猛然省悟，气焰顿敛，从此谨慎修身，终于成为了齐国的大夫。必要的鞭策能够在更高的层次上实现相互尊重，深化夫妻之情。

可见，尽管夫妻的社会地位有别，但儒家还是主张夫妻之间要相互尊重。妻子对丈夫是依礼而尊，以礼而尊，以顺为尊；

丈夫对妻子则是以义而尊，以义为尊。妻尊夫是礼法，夫尊妻是道德自觉。夫唱妇随应该以夫义为前提，如果丈夫不义妻子可以不顺，不但不顺而且还应该以道义相劝。因而儒家是把“夫义妇顺”当作“夫唱妇随”的内在精神的。

四、兄友弟恭

共同的遗传基因（血缘）是联系兄弟关系的自然生理基础。从小的共同生活，培养了他们相互依赖、相互帮助的心理认同和亲密情感，像手与足一样血肉相连，不可分割。古代家庭孩子多，往往是大的带小的，这也是兄弟手足情深的一个重要因素。儒家的家庭道德观念很重视兄弟关系，而对姊妹同胞则摆在次要地位。主要是因为一般来说，兄弟是一辈子住在一起的，而姊妹要分开来嫁到别人家。兄弟同居共财，伦理问题当然就多；姊妹人各一方，伦理问题自然就少。此外，兄弟关系还可以推广到社会上的长幼关系和朋友关系等等，它使得社会上的长幼关系和朋友关系多了一份相互尊重、关爱的情感。

1．同居共财，不许分家

儒家主张，父母在世期间兄弟不许分家，而要实行同居共财的制度。家中的兄弟（包括未出嫁的姊妹）无论娶妻生子与否，大家都住在一起，过着有饭大家吃、有衣大家穿的生活。

为了强化对家庭的认同意识，一个家庭不管成员多少，都在一口锅里吃饭，统一家庭财政收支，称为“合爨（灶）”。历史上有的家庭数世不分家，成员多达数百人，每当吃饭时，鸣鼓开餐，群聚于广场。这是真正的吃大锅饭。

同居共财不仅是对财富的共享，更要求共同创造财富，在劳动生产中共同协作。在自然经济条件下，家庭是农业生产的基本单位，劳动力是家庭经济的主要生产要素之一，劳动力的多少直接关系到生产规模的大小和收入的多少，反映着家庭实力的强弱。对于家庭经济中另一个主要因素土地等生产资料而言，兄弟分家造成的财产分割势必使家庭的生产规模和实力变小。因此，儒家提倡、鼓励一家兄弟同居共财，并把它视为高尚的美德，视为家庭和睦、幸福的象征。秦时尊法坑儒，禁止同居共财，以法律强制分家。汉以后，儒家定于一尊，同居共财方为道德与法律所肯定。据《后汉书》记载，缪彤兄弟四人自小父母双亡，相依为命，同财共业，到了大家都娶了妻，妻子们就想分家，缪彤很伤心，就把自己关在房间里自己打自己。弟弟和弟媳们知道了，赶快都来谢罪，不再谈分家之事。自汉以后，同居共财被儒家视为“高义”，视为家庭和睦的典范。

相反，如果父母尚在世而兄弟闹分家，不仅要受到舆论的谴责，而且构成不孝的罪名，要受法律制裁。据《唐律·户婚》，如果父祖都在而子孙分家，要判三年徒刑；父母死后服丧期间分家，判一年。从唐代到清代，法律都视别籍异财为犯罪行为，这一立法原则即本于儒家的家庭道德。

兄弟同居共财产生于传统家庭经济的内在需要，强化了人们的家庭观念和认同心理。这一规范的积极意义在于：一方面，它强调兄弟在家庭生活中共同协作，共同创造财富，维护家庭幸福，维系了家庭成员的感情。另一方面，它巩固了家庭生活的经济基础，增强了家庭的凝聚力。因此，同居共财是儒家倡导的促进家庭团结、增进家庭生活稳定的重要道德规范。现代社会的兄弟一般异业乃至异地而分居异财，但不应该以此影响兄弟之间的手足情深。

2．长爱幼敬，手足情深

同胞之间有着相同的遗传基因，这种自然的血缘联系是无法割断的。他们出生后便处于同一个家庭之中，长期的共同生活、共同娱乐、共同劳作使他们从小就养成了相互信赖、相互关心、相互帮助的深厚的骨肉之情，同居共财的生活模式更强化了相互间的心理认同。儒家认为，在家庭的三种主要关系中，夫妻关系要待男女成年后才成立，亲子关系虽自子女出生即成立，但子女一般比父母年岁有较大的差异，相处时间相对较短，只有兄弟关系持续的时间最长。因而，他们十分重视兄弟关系及其对家庭和睦的影响。

兄弟关系不像亲子关系那样等级森严，也不像夫妻关系那样具有从属的性质，而是一种平辈关系，具有较多的平等因素。儒家以“孝悌”为行仁之本，悌就是处理兄弟关系的行为规范，它的具体内容即“兄友弟恭”。兄友，是说兄长应该友爱弟幼，弟恭是说弟幼应当尊敬兄长。儒家讲的兄弟友爱，建立在长幼秩序的基础之上，兄与弟并不完全平等。古人称兄弟为“雁行”，意思是兄弟之间的长幼秩序，应当像大雁飞行一样秩序不乱。尽管兄弟之间存在着一些不平等的因素，但是兄长对弟弟没有父母那样的绝对权威，比较其他关系仍具有较多的平等因素，更能相互友爱、和睦相处。

儒家把兄弟和睦友爱看作家庭幸福的重要内容。兄弟如同手足，血肉相连，痛痒关心。兄对弟的爱护，弟对兄的尊敬出自天性。对待财物，兄弟间应当互相谦让，共同分享；遇到困难，应当通力合作，共同克服；以我之有余，补你之不足，以你之所有，济我之所无，同甘苦，共患难，这样，就能营造和睦的家庭氛围。因此，儒家极力强调兄弟的手足之情，褒奖兄弟间的友爱。孔融四岁让梨的故事，被人们传为千古佳话。东汉薛包在兄弟分家时，把肥沃的土地分给弟弟，自取荒芜之地；把坚实的器具分给弟弟，自取朽旧者。宋代司马光尊敬兄长，嘘寒问暖无微不致。此类事例，正史稗书比比皆是。儒家正是一方面通过理论的阐述、论证，一方面通过大量典型事例的宣传、褒奖，强化手足情谊，把兄弟友爱的道德观念灌注于人们心中，成为人们处理兄弟关系的行为规范。

儒家强调天下无不是的父母，世间最难得者兄弟。兄弟骨肉血脉相连，休戚相依，是人世间最难得的亲密关系之一，绝不应该因为小事小利损害手足之情，破坏兄友弟恭的和睦秩序、同胞亲情。

3. 兄弟阋墙，所为哪般

儒家认为兄友弟恭是人们不学就自然而然知道的道德观念，这强调的是兄弟手足之情的自然性。而实际上，兄弟关系虽有自然性，但兄友弟恭的行为规范却并非血缘关系的自然引申，而是社会的道德要求。由于兄弟在家庭中是平辈关系，有着较多的平等因素，固然可能比其他关系友爱和睦；也正是由于兄弟乃平辈关系，相互间不存在绝对服从的纲常制约，因而也比其他家庭关系更容易导致矛盾和冲突。兄弟同居共财实际上是依靠父祖的权威来维持的。兄弟各自成家后便有了妻室儿女，他自然成为这个小家庭的家长，有了自己的私生活，小家庭之间以及小家庭与大家庭之间不可避免地要发生种种冲突。父母在世时，兄弟慑于其权威，尚能忍气吞声，一旦父母亡故，冲突便可能凸显出来。兄弟间为了维护各自小家庭的利益，在大家庭的财产分配、财产分割等问题上，往往产生尖锐的矛盾，造成兄弟反目，甚至诉诸司法。

孔融让梨图

有妻子无妻子，是兄弟相互间关系及其与大家庭关系变化的分野。某个人一旦娶妻，他就与自己的兄弟不再“一体”了，而与他的妻子合为一体。这样一来，利益的中心不能不产生偏移，形成以小夫妻为核心的小块分割。这些分化的小群体，在利益发生冲突时不可避免地相互排斥，以维护自身的利益。其间“枕边风”的威力不可小视，它甚至可以使兄弟反目成仇，完全失掉仁义道德的良心。

兄弟冲突的实质是利益冲突。利益越大，冲突也越大，所谓大利所在，其争必烈。故兄弟相残者莫过于帝王之家。魏时曹植的《七步诗》“煮豆持作羹，漉菽以为汁。萁在釜下燃，豆在釜中泣。本是同根生，相煎何太急”道出了帝王家庭的刻薄寡恩。先秦有郑伯克段的故事，唐代有玄武门惨变，李世民为了夺取皇位，也不免诛兄戮弟。

兄弟冲突对家庭的破坏作用极大。父子虽有冲突，但社会不允许因此而离父别居，解散家庭。夫妻冲突可以导致双方离异，但在传统社会中，妻子的离去并不意味着家庭的崩溃，只有因兄弟冲突而分家，才真正标志着一个家庭的解体。因此，儒家特别重视兄弟团结友爱，渲染手足之情，反对一切危害兄弟团结的思想和行为。颜之推在其名著《颜氏家训》中也说，有的人在外广交天下之士，却不能善待自己的兄弟；能够施惠给陌路人，却不能施恩于兄弟，就因为没有把兄弟之情放在心上。

儒家也认识到这一点，发现了夫妻关系对兄弟关系的冲击和破坏，并对此予以明确的否定。儒家的家庭道德以宗法血缘为基础，强调血缘认同，所以认为在家庭关系中作为骨肉至亲的兄弟关系远较异性的社会性夫妻关系为重要。可夫妻关系虽然没有血缘联系，却是人际间最亲密的关系。正是由于夫妻、兄弟关系的不同性质，夫妻不能分居，分居则意味着夫妻关系的解除；而兄弟则不会因分居而解除关系，并且因为各有自己的小家庭生活而不得不分居。儒家为了强化宗法血缘关系，维持家庭、家族的稳定，就把兄弟关系置于夫妻关系之上。当这两种关系发生冲突时，赞赏为了保护兄弟关系而放弃夫妻关系。如秦末陈平（汉初名相）的嫂子嫌弃陈平不事生产，其兄便将妻子赶出家门。东汉李充家贫，他的妻子因有私财，劝他与兄弟分家，李充便当众逐妻。

兄弟是血缘骨肉至亲，情同手足，尽管兄弟间的矛盾与冲突不可避免，但是，对于这些矛盾和冲突，一方面应该以亲情化解矛盾，相互忍让，兄友弟恭；另一方面应该承认矛盾的存在，以亲情为重，求大同存小异。

兄弟（同胞）关系是人际间最可信赖的关系之一，处理好兄弟姊妹关系，可以使人感受到家庭的温暖、人生的乐趣以及人世间的真情。它可以培养人健康、丰富的道德情感，促进人与人之间的真诚与相互信任。

五、朋友之道

“嘤其鸣矣，求其友声。相彼鸟矣，犹求友声；矧伊人矣，不求友生？”（《诗·小雅·伐木》）鸟儿都知道嘤嘤其鸣寻找同伴，人岂能无友？人之求生，不独有其身，更有其心。形固可使如槁木，而心不可使如死灰，心灵才是人生的最后根据地。心灵需要交流，交流才能使心灵开放。《礼记·学记》说："独学而无友，则孤陋而寡闻。"人生在世不能没有朋友，在生活、学习、工作、事业上，都离不开朋友之间的相互交流、砥砺和帮助。有教育心理学家认为同辈之间的相互影响是最大的，甚至超过传统文化、主流文化对人的影响。青少年的成长也主要是在同龄人中发生，同龄人之间通过自觉不自觉的相互模仿和学习而产生的影响大过长辈、家庭乃至学校、社会的主流教育和影响。所以，朋友关系的重要性不言而喻。

儒家很重视朋友关系，把它列入了社会关系的五伦之一。这五伦之中有父子、夫妻、兄弟三伦属家庭伦理，君臣与朋友属社会伦理。而君臣本是从家庭中的父子关系演绎转变而来，而且传统社会颇为重视忠与孝的相通，所以从严格意义上讲，只有朋友这一伦才真正属于社会性的伦理关系。朋友一伦最具平等性，其所涉人群面亦最广，所以，有人认为儒家的其他四伦都有着颇为浓郁的传统时代气息，惟有朋友一伦可以超越时空而具有永恒的意义和价值。

1．同志为友，道义相规

《说文解字》说："同志为友。"志同道合才会产生真正的友谊。明儒魏象枢曾概括八种朋友类型，是为"朋友八格"。他说："朋友之格八：有道德相亲而交者，有学问相成而交者，有气节相感而交者，有然诺相信而交者，有政治相助而交者，有才技相合而交者，有诗文相尚而交者，有山水相狡而交者。下此则群居狎处，卑之不足道矣。”（《友箴》，载《寒松堂集》卷九）《周易》云：“君子以类族辨物。”魏氏所谓“朋友八格”，一言以蔽之，无非以志同道合为真友，正所谓“道不同不相为谋”（《论语·卫灵公》）。若志不同、道不合而相为谋则只能算是乌合之众。

有人说，同志于声与色，同道于势与利，不也是志同道合吗？但在儒家看来，此“志”不合于道，此“道”非道义之道。日常生活中可以见到大量酒肉相好、财货相恋、权势相资、声色相狎、血气相激的朋友。这些朋友确实也能意气相投，但他们所同者，是建立在个人私欲的基础之上，往往具有偶然性、易变性和庸俗性。如陆机所言：“势利之交，难以经远。”（陆机《陆平原集·要览》）势与利可使人交，而一旦利尽势去，则所谓友谊也就土崩瓦解了。

北宋听琴图

儒家所追求的是个人和社会的道德完善，人生的志向根本就在于此。同此志向者，才是良友、益友，才能够促使人在道德上进步。所以，志同道合的标准是道义和德业。朋友之间不是天天混在一起群居狎处、嬉笑戏谑的玩伴，而应该以德业相劝勉，以道义相砥砺，共同促进德性的完善。以道义相规就免不了要批评朋友的过失，帮助朋友改正错误，若对朋友的过失和错误视而不见，而搞无原则的一团和气，这是对朋友的不负责任，也非君子之交，因为君子“和而不同”“周而不比”“群而不党”。当然，朋友之间以道义相规也是要讲究方式方法的。一要从善意出发，二要坦诚正直，三要言辞委婉，四要晓之以理，动之以情，不能吹毛求疵而不考虑对方的心理承受能力。如果对方就是不听劝，受不了一点批评，怎么办呢？那表示这个朋友不值得交往，没有真正的道义。

2．益者三友，损者三友

择友本身可以反映人的人生态度和道德追求，你选什么样的人做朋友，你就大概是什么样的人，这叫同声相应、同气相求。一个自觉以道德学问之进步为目标的人，就应该自觉选择那些德性好的人做朋友。近朱者赤，近墨者黑，如果择友不慎，则可能误入歧途乃至身败名裂。所以，儒家认为择友不可不慎，并提出了“益者三友”“损者三友”的择友标准。《论语·季氏》载孔子语：“益者三友，损者三友。友直，友谅，友多闻，益矣；友便辟，友善柔，友便佞，损矣。”

所谓“益者三友”即三种对自己有益的朋友。哪三种呢？直友、谅友、多闻之友。直即正直坦荡，谅即诚实无欺，多闻即见多识广。所谓“损者三友”即三种对自己有害的朋友。哪三种呢？便辟之友、善柔之友、便佞之友。便辟是谄媚逢迎的意思，善柔是两面三刀的意思，便佞是夸夸其谈的意思。这六种朋友益者与损者是两两相对的。

孔子认为夏商周三代之民哪怕愚者都能做到“直道而行”（《论语·卫灵公》），后来世风日下多以欺诈为能事。比如坐怀不乱的春秋鲁国人柳下惠，就因为生性耿直不愿逢迎拍马而被三次罢官。有人跟他说，你怎么不离开鲁国另寻出路呢？柳下惠说：“我以直道事人到哪里不会被排斥？而如果要我以枉道事人，我又哪里需要离开祖国呢？”与正直的美德相对的就是谄媚逢迎了。正直之友在朋友该受称赞时称赞他，该批评时批评他。而谄媚逢迎之友呢？你该称赞时他称赞你，你该受批评时他不批评你，还是称赞你。为什么这样呢？无非是想讨好朋友，而不是真心为了朋友的进步。谄媚之友一般让你觉得很舒服，他总是顺着你的意思，而正直之友有时让你觉得如芒在背很难受。但是一个人如果总是看不到自己的缺点，或不愿正视自己的缺点，那他就会在自己的弱点上越陷越深以致不可自拔。所以正直的朋友才是真正对自己有益的朋友。“君子坦荡荡，小人长戚戚。”（《论语·述而》）正直之友的人格力量会感染自己的朋友，使朋友能以健康向上的心态来生活。

第二种益友是诚实无欺之友，相应的损友就是两面三刀之友了。孔子的弟子曾子每天要反省三件事，一是为别人办事是不是尽心竭力了？与朋友交往是不是做到诚实守信了？老师传授的学问是不是复习了？对人尽心竭力即“忠”，诚实守信即“信”，这是为人诚实的两种表现形式。儒家颇重忠信之德。坚守信用是忠于朋友的表现，忠于朋友是获得信任的前提。如果一个人对朋友不真心实意，为朋友办事不尽心竭力，而是当面一套背后一套，两面三刀，他会得到朋友的信任吗？这样的朋友不可靠，不会真正有益于人的成长。儒家认为“人而无信，不知其可”（《论语·为政》），但同时又认为“言必信，行必果”（《论语·子路》）是小人行径。意思是，一般情况下都要讲信用的，但如果“信”的内容乃苟且之事不合大义，那么就不应该为了守信而失却大义，也即宁可失信也要守住道义。如果朋友骗你去干一件有违道义的事，你先答应了，但后来发现有问题，这时是为了守信而忠于朋友呢，还是反过来规劝朋友？朋友更应以道义相规而不拘于小信，这才是真正的忠诚于朋友，帮助朋友进步。

第三种益友是见多识广之友，与之相对的损友是夸夸其谈之友。交一个见多识广的朋友，能增长我们的知识，扩大我们的眼界和胸襟。儒家为什么要强调“友多闻”呢？因为在古代交通不便，资讯不发达，“多闻”是很难得的。要想做到多闻只有两个办法，一是读书，二是游历。《论语》首章“有朋自远方来”正好满足了读书与游历这两个条件。“自远方来”当然是游历，而“朋”则是以读书学习为主业的。“朋”大体是春秋末期随私学的兴起而兴起的一种人际关系，是指在一起跟老师学习的同学们。很多人从老远赶来向孔子学习，当孔子的学生，孔子就很高兴。这些来求教于孔子的同学们都有共同的志向，即习文学礼求道之类，“同志为友”，所以是“朋”必是“友”。如果朋友见多识广，当然可以把他当作益友。但见多识广还是要与夸夸其谈区别开来的。夸夸其谈的人只是嘴皮子上厉害，腹中实际空空如也；而见多识广之人因其识见非凡，对人生道理会有更多的理解，这种理解不一定只体现在语言上，也会体现在行为上。儒家主张少说话，多做事，讨厌“巧言令色”之徒。所以夸夸其谈之友于人无益，真正见多识广之友才于人有益。

3．以文会友，以友辅仁

《论语·颜渊》：“曾子曰：‘君子以文会友，以友辅仁。’”意思是君子用文章学问来与朋友聚会，用朋友的美德和帮助来培养自己的仁德。“以文会友”，说的是交友的方式；“以友辅仁”，说的是交友的目的。

朋友之间要多走动，多走动能联络感情，保持友谊。我们常听到这样的说法“愿我们的友谊之树常青”“常联络”，我们听到别人对我们自己说过，我们自己也对别人这样说过，可是又有多少友谊真的“常青”了，又有多少朋友在天各一方之后“常联络”了？往往是分开的最初一段时间还能保持一点友谊的热度，渐渐地就淡忘了，把友谊埋到深处尘封起来。朋友是要多联络感情才会深，但不能为联络而联络。

拿什么来会友呢？以文会友。若如此，那些没文化、没读书、没学问、不会写文章的人难道就不能会朋友了？“文”依然只是一个形式。儒家提这个形式是有其具体的时代背景的。因为朋友最初确实是从读书求学的同学中发展而来的，他们的主业本就是这些事情。同学们通过读书讨论讲学而使得自己对人生社会的理解有深入，使得自己的生活、道德境界有提高，也就能达到“辅仁”的目的。

如果真以提高自身境界即“辅仁”为目的，那你自身就不能没有对自身的思考。为了引导自己的思考，加深自己的思考，应该多跟朋友讨论，从朋友对朋友自身的思考中获得有益的启示。而为了有思想跟朋友讨论，自己当然首先要有自己的思考，否则怎么交流？所以，朋友相会，最重要的是你对生活有多少理解，你的境界有无提高；朋友相会，不等于喝酒吃肉、家长里短的闲聊。当然，会友可以从宴会和闲聊中开始，而一旦深入你若没有自己的思考那就没法深入了。如果要使友谊深入，你可以没有文章，可以没有礼物，但不能没有“学”，不能没有“问”，不能没有“思”。

儒家所谓“以文会友，以友辅仁”告诉我们，以自己对社会人生的思考（可以用文章的形式）来会友，以与朋友讨论社会人生之理来增进自己的理解和德性，才是真正的交友之道。如果能在这个层次上交友，必定能获得比嘘寒问暖、礼物往来、散财结义式友谊更加深刻的友谊。而这样的友谊才是对自己的生命会有真正帮助的友谊。尽管这样的友谊很少，以至古人讲“千金易得，一友难求”，但我们不能放弃寻找，因为这也涉及人的安身立命。

成人之道

儒家文化大众读本

五常与做人

从上一章对儒家“五伦”即五种社会关系的介绍，我们了解到处于各种社会关系之中的人都有各自的道德义务或相应的道德行为规范。道德规范有很多，儒家伦理概括了五种最基本的道德规范，即“五常”。常，本是恒常不变的意思，所以“五常”也就意味着这五种最基本的道德规范拥有比其他道德规范更为基础性的地位和作用，所有其他的规范都可以归于“五常”。

五常之德目不止一种，通常是指仁、义、礼、智、信。它们是贯穿于个体人格修养与社会人伦关系的五种最基本的德目。这五种德目在儒家创始人孔子那里就已颇受重视，随后孟子又尤为关注其中的仁、义、礼、智四德，并把它们上升为人人心中都具有的先天道德观念。而最早提出“五常”这个概念的是汉代大儒董仲舒，他把被孟子忽略了的“信”重新补入，从而构成了仁、义、礼、智、信五常。在儒家那里，五常诸德目之间的重要性是不一样的，依仁义礼智信之序，一般排在前面的比排在后面的要更重要些。比如，仁是最根本的，它可以包含后面诸德，做到了仁也必然做到了义礼智信诸德，否则不能叫仁。义礼智信诸德又都应该从仁德出发才能真正实现。

董仲舒提“五常”的目的是为维护等级制度的“三纲”服务的。三纲对五伦中君臣、父子、夫妇这三伦作了特别强调。纲是准绳法度义，三纲的根本精神是臣、子、妇这些处下者要相应地对君、父、夫这些居上者绝对服从。仁义礼智信诸德都要体现在这种绝对服从上。所以传统社会往往将“三纲”与“五常”连称。这种意义上的“五常”随着时代的变迁必会失去它的价值。但是，如果我们把“五常”从它的具体社会条件中抽离出来，放在更广阔的社会人生语境中来考察，就会发现它具有某种普遍的意义和价值，它仍然可以作为指导人际关系的道德行为规范，它从本质上还是教人如何做人。

董仲舒

一、仁者爱人

“仁”，是孔子学说的核心，被认为是诸德之首，最高道德原则，几乎可以概括或包含所有美好的德性。孔子的学生子张曾经向孔子请教“仁”的含义，孔子告诉他，能做到“恭”“宽”“信”“敏”“惠”这五点，就可以叫做“仁”了。此外，孔子还在不同的场合下谈到仁包含“智”“勇”“忠”“敬”“恕”“孝”“悌”等等诸种美德。真可谓“仁含万善”。

从字源学上来看，仁字从人从二，《说文解字》训为“亲”。

可见，仁的本义是指人与人之间的相亲相爱。而孔子儒家正是把“仁者爱人”当作“仁”德最基本的内涵的。在其基本内涵中还有一点要特别注意，就是儒家讲的“仁爱”是“差等之爱”，这就与墨家讲的“兼爱”和基督教讲的“博爱”区别开来了。“仁爱”的最终效果可以像“兼爱”“博爱”那样表现为一种普遍的爱，但它不是一下子抽象达到的，而是一步一步地通过把爱进行推扩而实现的。

1. 爱的推扩：亲亲、仁民、爱物

仁者之“爱”的出发点是对父母双亲的爱，这就是所谓的“亲亲为大”“孝悌为本”。这是儒家重“孝”的体现，也是人之常情。同样一件事发生在与我们亲近程度不同的人身上，我们会有相应不同程度的情感感受。亲人的逝去给我们带来的情感冲击绝对会大于对陌生人逝世的情感感受。一般而言，父母双亲是一个人生下来之后最先接触到的人，人出生三年之内不能免于父母的怀抱，父母与子女之间的感情是一种先天的“血浓于水”的血缘亲情，又经过了后天的朝夕相处相感，自然就使得这种感情成为了每个人首先具备的一种深深的体验。“慈母手中线，游子身上衣”，不管我们走到哪里，不管我们处境如何，父母与子女之间的牵挂是永恒的。

子女对父母的爱可以说是父母对子女之爱的一种回报。但我们还是看到有不爱父母的子女，却没有不爱子女的父母；子女不能包容和体谅父母对自己的不理解，父母却可以承受和体

谅子女对自己的不理解。正因为有这种反差，所以儒家非常重视培养子女对父母的爱。一方面，子女与父母之间的血缘亲情是这种爱的最可靠的基础，所以即使一时缺乏这种爱也比较容易培养起来；另一方面，培养这种爱会使人产生一种爱的自觉，这种自觉的爱才是能将此爱推扩出去的出发点。如果一个人连父母都不爱，我们很难期望他会真心地爱别人。

在儒家看来，心中有爱，才能将爱传递和推扩，只有传递和推扩，才能走出狭隘的血缘亲情，融入广阔的社会人间直至整个宇宙，以提升人的生命境界。

孔子讲“泛爱众而亲仁”（《论语·学而》）、“博施于民而能济众”（《论语·雍也》），孟子讲“老吾老以及人之老，幼吾幼以及人之幼”（《孟子·梁惠王上》），就是把对亲人的家庭血缘情感推扩成一种尊老爱幼、泛爱众人的社会情感。孟子还说：“亲亲而仁民，仁民而爱物。”（《孟子·尽心上》）这就更进一步地把对父母的爱，推扩到社会人群，以及天地万物。这是对孔子思想的发展，把仁爱的境界从自然推扩到了社会乃至整个宇宙。后来宋代大儒张载的“民胞物与”思想也是从这引申开来的。宋代就有思想家反对张载的这个思想，认为它等同于墨家的“兼爱”。其实这是没看到儒家的这种普遍的爱是从血缘亲情之爱一步一步推扩而来，而且对于“亲”“民”“物”的爱是有等级厚薄的差等之别的，也就是说它是“差等之爱”，所以，它与墨家的“兼爱”还是有不同之处的。

孔子还讲到实现“仁爱”的方法是“忠恕之道”。朱熹的解释是“尽己之谓忠，推己之谓恕”。忠，就是对人应诚心诚意、尽心尽力；恕，就是推己及人地为别人着想。从推己及人的角度来讲，又有积极与消极两种做法，积极的做法是“己欲立而立人，己欲达而达人”，也就是说自己所追求的，希望得到的东西，应当积极使别人也同样得到。比如，自己求饱，就要想着并尽力使那些饥饿的人吃饱；自己求温，就要想着并尽力使那些穿不暖的人也穿暖。从消极方面来说，就是“己所不欲，勿施于人”，意思是自己不希望别人这样对待我，我就不要这样去对待别人。这两种做法是相辅相成的。比如，这里的积极做法还有可能造成对人的不尊重、不理解，如包办婚姻就是父母把自认为好的东西强加于子女身上，而这里消极做法“己所不欲，勿施于人”在某种程度上就可以弥补这一缺陷，给人以充分的尊重和理解，尽管由此可能会使得某些自己不喜欢但别人喜欢的事未能施之于人。孔子说的“己所不欲，勿施于人”，同世界上很多不同类型的文明是相通的，被认为是人类伦理道德的“金规则”。从这里，我们看到的是，要做到“爱人”，就应该待人诚恳，不虚情假意，对人应该多份理解和尊重。哪怕是“爱”也不要强加于人，而应该以理解与尊重为前提。

2．爱的原则：爱人以德、不做乡愿

儒家所讲的“仁爱”，并非无原则的爱。孔子说：“唯仁者能好人，能恶人。”（《论语·里仁》）可见，仁者不但能“爱人”而且能“恶人”，能爱能恨，爱憎分明，这才是真儒者。《礼记》说：“君子之爱人也以德，细人之爱人也以姑息。”爱人的目的

是为了建立健康的和谐的人际关系，而不是追求无原则的一团和气。以仁来调节人际关系，必须爱人以德，爱人以道。一方面要以道德之心爱人，另一方面爱人必须符合道德，维护道德，爱人须是仁爱、德爱，不能是私爱、偏爱、溺爱，更不能容忍恶行、姑息养奸。因而，儒家所讲的爱是有原则的。无原则地爱一切人，可能会赢得所有人的良好口碑与喜爱，但这样的人不能叫作有仁德的人，而只是“乡愿”罢了。孔子和孟子都非常讨厌乡愿，教人不要做乡愿。什么是乡愿？乡愿是这样的人，他们八面玲珑、四处讨好、面面俱到，不得罪人，见人说人话，见鬼说鬼话，这样的人就是老好先生兼滑头。他们颇能体现出对所有人的爱和顺承，能获得乡里所有人的喜爱，但孔子斥之为“德之贼”，即假道德的伪君子。因为他们对别人好并没有自己的原则，不敢坚持自己的观点，没有自己的信念，不具备独立的品格。他们的言行只是媚俗，根本无助于改善民风。从“爱”人的角度看，他们对人的“爱”根本不是出自仁德之爱。

把握爱的原则，就要修养仁德，修养仁德才有推己及人、移风易俗以趋善的力量。所以，作为德性的“仁爱”并非自然而有。要自觉实践“仁爱”，除了培养本有的从血缘亲情而来的深深的情感体验，还需要修养自己的仁德，以使得我们的爱有原则、有力量。我们不会把仅仅给予自己的子女的爱称作“仁爱”，因为这还只是血缘亲情层面的自然的爱，还不是社会层面的爱，不足以称为一种德性；我们更不会把对子女的溺爱称作“仁爱”，因为它不但不足以称为一种德性，而且它无原则，亦无力量，它无力使子女向善。而如果我们修养仁德，由仁德发出的仁爱是可以施之于任何人的。从效果言，不只是能在情感上感动人，而且能在德性上感化人，这就是仁爱的力量。

3．爱的政治：爱民与仁政

仁爱之力量的最大体现和效果，在儒家看来就是施行“仁政”。这一点主要是孟子的发挥。孔子还只讲到“仁”，孟子则发之于“仁政”，使之通过政治最大化地实现于社会人生。

孟子认为仁爱发端于人的“恻隐之心”，是一种“不忍心”的同情心。在孟子看来，每个人先天地就具有“恻隐之心”，那些看似无此心的恶人其实只是一时障蔽了此心，在合适的条件和机缘下，都有重被发现之可能。《孟子·梁惠王上》讲过一则孟子引导齐宣王发现自己仁爱本心的故事。故事说的是：齐宣王新铸大钟，需要杀牲以祭。有人牵着一头牛走过，要去衅钟，他看到这头牛表情很无辜恐惧的样子，于是就不忍心把它杀了祭钟。但衅钟之事又不可废，怎么办呢？他就下令以羊来代替。孟子对齐宣王的这一表现非常赞赏，认为齐宣王的这种“不忍”之心足以使他行王道治理好国家。有人会说，你以羊代牛不是照样要杀羊吗？孟子说没关系，因为你现在看到的是牛而没看到羊，见其生才不忍见其死。可见，这种“不忍”之心乃是由现场情境触发出来的一种情感。作为君王最重要的是及时自觉把握到这种“不忍”之心，然后以这种“不忍”之心发之于不忍人之政，这就是仁政了。仁政的首要特点就在于爱护老百姓，使老百姓过上好生活，然后获得老百姓的支持。

孟子还跟梁襄王说过，“不嗜杀人者”能统一天下。“不嗜杀人者”当然也是发挥不忍的恻隐之心的结果。孟子周游列国的最大任务是四处劝说各国君王发挥他们的不忍人之心以施行不忍人之政，即仁政，以实现他的王道政治理想。仁政是由君王的仁爱之心发出的，君王的仁爱之心又需要发现和推扩，这种发现和推扩还是要靠君王自己而不能靠任何其他人，孟子对君王的游说只是起一个启发作用。这一点孟子与孔子的主张是一致的。孔子一再强调:“为仁由己，而由人乎哉？”（《论语·颜渊》）“仁远乎哉？我欲仁，斯仁至矣。”（《论语·述而》）孟子讲:“反身而诚，乐莫大焉。强恕而行，求仁莫近焉。”（《孟子·尽心上》）这就充分赋予了欲行仁政、王天下的君王以很大的主观能动性。只要他们能返求诸已、薄责于人，发自内心地自觉地“爱民”“保民”，就必然能够做一个好君王。可见，由仁心而仁政，与孟子“亲亲、仁民、爱物”的思路是相一致的，尤其是其中的“仁民”，乃是通过将其置于政治的语境来实现的。

4．仁德为首与仁包诸德

以上谈了“仁者爱人”的种种表现，它表现在日常的社会生活、政治生活乃至宇宙天地万物之中，可谓至大至广。而“仁者爱人”之所以有如此广阔的表现空间，最根本的原因在于“仁”之为德与其他德目相比，具体更重要的地位和更高的价值。在本书的第二章“心性与德性”中，在谈到儒家伦理的理论基石“天人合德”时，我们特别谈到了中国哲学思想史上通过阐述“仁”

的涵义实现天人合德这样一种道德形上学思路。这种思路的形成，实际上也是“仁”之本体化的过程。所以说，“仁”虽为仁义礼智信五常之德中的一种，但是“仁”的意义绝非其他诸德所可比。“仁”可以本体化，而义礼智信等其他诸德都不宜本体化。因为仁德是诸德之首，仁德可以包含诸德。

孔子一生谈到许多德目，这些德目中最核心、最重要的毫无疑问是“仁”。孔子一辈子的教育生涯，一个重要的目的可以说就是为那个时代培养“君子”。在孔子之前，君子主要从社会地位上讲，指社会贵族阶层和统治阶层。到了孔子，他促使“君子”的内涵作了一个转向，即由单指社会阶层，转向为兼指或者更倾向于指道德水平，这就是后世的一种普遍观念，君子即指道德水平高的人，而不管他的社会地位如何。这样，君子就由社会阶层意义转向了“人格”意义，即“君子人格”。“人格”是从德上来讲的。在孔子看来，君子人格最核心的内涵就是“仁德”。所以“仁德”有着比其他诸德更重要地位，仁为诸德之首。“君子人格”的落实首先就集中表现在“仁德”上。孔子首先是要求作为管理者的君子要具备“仁德”，如果不具备仁德，就不是一个合格的管理者，不是真正的君子。

孔子说：“君子去仁，恶乎成名？君子无终食之间违仁，造次必于是，颠沛必于是。”（《论语·里仁》）这就是说，真正的君子是时刻不能违背仁德的，没有仁德就不能获得好的声名。又说：“君子疾没世而名不称焉。”（《论语·卫灵公》）君子是很看重这个声名的。儒家不是主张“为己之学”吗？孔子不是说“君子求诸己，小人求诸人”（《论语·卫灵公》）吗？

朱熹在注“名不称”时引用范氏的观点：“君子学以为己，不求人知。然没世而名不称焉，则无为善之实可知矣。”君子学以为己，所以不求人知，不求有名。不过这是主观上来说的，从客观上讲，一个真正的君子一定会有好的声名，如果没有好的声名，那表示他并没有真的行善。孔子说：“人不知而不愠，不亦君子乎？”（《论语·学而》）也是讲君子不求人知，这是由于君子有自己的持守，和由这种持守而产生的主体性，不由人左右。但是不“求”人知，不等于“拒绝”人知，也不等于客观上人不知。若果为君子，必有善行，而必为人知。君子的好声名从何而来？从君子的仁德以及仁德所表现于外的效果而来。君子不能放弃“仁德”的修养，如果不修养仁德，君子就不能成就道德美名。

孔子讲，君子无终食之间违仁。这是否意味着君子就是仁者？就一定成就了“仁”？不一定。《论语》中孔子不但自己不敢称实现了“仁”，对其他人也是极少称许为“仁”的。对于他最喜欢的弟子颜回，他也只是说“其心三月不违仁”（《论语·雍也》），其他弟子则不过“日月至焉而已矣”（《论语·雍也》）。“不违背仁德”与“实现仁德”应该是有层次之别的。“不违仁”是从消极意义上讲，是底线。与之相对的则是“仁以为己任”（《论语·泰伯》），这是从正面积极意义上讲的。这是相当沉重的，必死而后已才行。所以，对于君子而言，时刻都应该存心于仁，修养仁德。“仁以为己任”是一辈子的事。

对于君子的修养而言，仁德至关重要。所以说，仁德在所有德目中应该为首。而仁德之所以能为首，一个关键点是仁德可以统摄众德。君子从修养仁德上用功，其他德性都可以由仁德发出，仁德是其他德性的基础和发源。

孔子说：“君子道者三，我无能焉：仁者不忧，知者不惑，勇者不惧。子贡曰：夫子自道也。”（《论语·宪问》）仁知勇三者，是“天下之达德”（《中庸》）。孔子都谦虚地认为自己没有做到。这里的“仁者不忧”表现的是情感，“知者不惑”突出的是理智，“勇者不惧”彰显的是意志。可见，孔子把理智、情感、意志规定为君子内在品格的基本要素。也就是说，君子人格应该集知、情、意于一身。而能统摄知情意，以及一切美德的，又非“仁”莫属。孔子说“知者利仁”（《论语·里仁》），也就是说理智是实现仁的手段。又说：“惟仁者，能好人，能恶人”（《论语·里仁》），好恶属于情感，真正能使好恶之情表达得恰到好处的只有“仁者”。他还说“仁者必有勇”（《论语·宪问》），真正的仁者，必定有勇敢坚定的意志。于是，知情意三者可以统一于仁。

孔子的学生子张曾问仁于孔子，孔子说，“能行五者于天下，为仁矣”（《论语·阳货》）。哪“五者”呢？恭、宽、信、敏、惠。恭敬、宽厚、诚信、勤敏、慈惠，这是五种德性，具备了这些德性，才能称得上仁，这是“仁包诸德”的一重涵义，也就是说要做到了其他诸德，最后才能实现仁德。其他诸德都是实现仁德的条件。“仁包诸德”的另一重涵义是说仁德本身就是“全德”，做到了仁，就可以做到其他诸德。朱熹讲“仁者本心之全德”（《论语集注·颜渊》）就是对“仁”本身之为“全德”的揭示。汉韩婴的《韩诗外传》说：“仁道有四：仁者有圣，仁者有智，仁者有德，仁者有谦。”宋程颢的《识仁》讲：“义、礼、智、信皆仁也。”宋朱熹的《仁说》认为：“人之为心，其德亦有四，曰仁、义、礼、智，而仁无不包。”仁之所以无不包，是因为“仁德”是人的德性的发源地，其他诸德都由这个源头发展出来。

本章讲“五常”，看上去仁义礼智信五种德性是平行的，实际上“仁德”的重要性要超过其他诸德，它可以包含其他诸德，它甚至是所有美德的总和，最高的德性，它又是一切美德的源头，其他的美德都可以由仁德发展出来。所以，在儒家的美德谱系中，“仁德”最重要。

二、义以正人

仁的核心内涵是情感性的爱，它是柔性的；而义的核心内涵是价值性的规范，它是刚性的。仁的柔义使得人与人之间相亲相爱，但也可能形成狎私之弊。而义的刚义则要求人们遵守相应的道德原则，不苟且偷生。从某种意义上说，义是仁爱基础之上的进一步限定，它可补仁爱之弊。

1. 义之为义

《三国演义》第一回就讲刘关张“桃园结义”，小说作者罗贯中用“结义”而不用“结拜”之类字眼，即为了突出一个“义”字，在作者眼中只有刘备刘皇叔才能称得上继汉室正统。他们结义的誓词是“同心协力，救困扶危，上报国家，下安黎庶”。可见，此“义”乃忠于汉室、忠于国家的“忠义”。从最初的破黄巾军到与各路军阀征战，他们的最终目的无非是匡复汉室、定国安民。

蜀汉大将关羽更是“义”的化身，在民间广受尊崇。他的“义”除了体现在对国家的忠义之上外，还体现在许多方面。《三国演义》讲到，在一次战争中刘备不知去向，张飞生死不明，关羽为了保护刘备妻小并等待刘备消息，暂时归顺了曹操，但关

桃园三结义（电视连续剧《三国演义》剧照）

羽强调自己“降汉不降曹”。假如刘备、张飞战死，关羽断无不死战之理。这是他对国家和刘备、兄弟的忠义。关羽随曹操回许昌，在途中馆驿歇息，曹操故意把关羽同刘备的妻子安排在同一间房，以坏其君臣之礼，使关羽不好意思再回去见刘备。可没想到，关羽在门外站了一夜，而且毫无倦色。关羽不但自己对刘备之妻礼敬有加，而且还要求曹操以皇叔家眷的级别招待刘备之妻，于此足见关羽深明“礼义”。曹操还用金钱美色、拜将封侯以动其心，关羽都无动于衷，足见其“道义”至上。《三国演义》“关云长义释曹操”一节亦是罗贯中着力渲染的

一个情节。关羽为什么要在华容道上放过曹操？有两个原因，一是曹操对自己颇有知遇之恩，很少能看到曹操一生待人如此之厚者，而关羽最终还是过五关斩六将而去；二是关羽看到“曹军惶惶皆欲垂泪”，于是动了不忍之心。于此可见关羽的恩义、情义与不忍之心的仁义。

《战国策》载有齐人冯谖客孟尝君之事。一次，孟尝君派冯谖到薛地为他收债，可没想到冯谖到了薛地之后，把欠债的人都叫来合了契约，然后将所有契约付之一炬，回来之后用“为君市义”之辞向孟尝君交差。意思是，烧毁契约乃是施恩义于民，换回来的将是民众的爱戴与忠诚。这正是冯谖帮助孟尝君在齐国永远站稳脚跟的三项重大举措之一。这里乃是以施恩为义，以报恩忠君为义。

可见，忠于国家是义，忠君是义，施恩是义，报恩是义，还有仁义、礼义、信义、道义、孝义、情义等等，各种高尚合理的道德行为无不是“义”。所以，抽象而言，“义”可说是道德的代名词，就是指道德原则本身；具体而言，它可以指仁、义、忠、信、孝、廉等具体道德规范。也就是说，“义”有一般与具体二义，其作为道德原则本身的一般义，要通过各种具体义才能充分体现出来。

2．义与正路

一个心中有“义”之人，他的言行往往能显露出一股道义在我的豪气，这是一种行端立正、光明磊落、大义凛然、临难无惧的阳刚之气。这种阳刚之气是从“义”的原义中保留下来的。

义字繁体作“義”，从羊从我，“我”字从手从戈，表示手拿戈刀。“義”本是会意字，会手拿戈刀杀羊以祭之意。既然有杀伐义，自然就有刚性义，而正是这种刚性义使得“义”的规范性极强。该做什么，不该做什么，“义”都有规定而不当违背。

《礼记·礼运》谓“父慈、子孝、兄良、弟悌、夫义、妇听、长惠、幼顺、君仁、臣忠”为“十义”，其实就是把慈、孝、良、悌等对某一类人相应的道德规范都视为“义”。这些道德规范就是规定我们该如何扮演好我们所处的某类社会角色。父亲就应该做到慈，做到了慈就可称为义，不慈则不义；儿子就应该做到孝，做到了孝就可称为义，不孝则不义。诸如此类，还有很多规范。人如果能遵循这些道德规范而行，他就是走在正道上；如果不能正道而行，就可能会走上邪道。所以孟子说“义”是“人之正路”，如果舍正路而不走，那是很可悲的事。

儒家喜欢用“义”与“利”，即道德原则与物质利益之间的对比来表明讲义、行义才是正途，否则就会误入歧途，并最终招致灾殃。孔子说：“君子喻于义，小人喻于利。”意思是君子深明大义，而小人则更看重利。如果整个国家都先利而后义，那这个国家就有危险了。《孟子》第一章就讲了这样一个故事：有一次孟子去见梁惠王，梁惠王倒直爽，开门见山地问孟子：“老先生！您不远千里来我这里，一定能给我的国家带来些利益吧！”孟子也不拐弯抹角，直截了当地回道：“您何必一开口就讲‘利’？其实只要讲仁义就行了。”为什么？因为如果大王说如何才对我的国家有利，那么大夫就可以说如何才对我的封地有利，依此类推一般人也都会说，如何才对我本人有利。

这样就会出现一个“上下交征利”的局面，也就是都去追求各自的私利而不顾国家大集体的利益。这样的话国家就危险了，以致为了满足自己的私欲，做大夫的不到杀掉自己的国君以夺取其产业是不会罢休的。这就是先利后义的可怕后果。在孟子看来这是一条走向毁灭的邪路。相比较而言，仁义之途才是人和国家所当行之正路。如果君臣上下都以仁义作为言行的规范，那么大家就会各安其分而不会以个人私利害了国家公义。

那么，儒家是不是完全否定了利而只谈义呢？当然不是。儒家也谈利，而且主张通过“制民之产”来保障民众的物质利益。儒家承认追求富贵的行为的合理性，只是主张不把利置于义之上，反对“不义而富且贵”。中国民间所讲的“君子爱财，取之有道”正是这种观念的体现。“取之有道”就是说要走正当的途径，不能不择手段，弃义于不顾。可见，儒家并不一般地排斥利，而是强调当义和利发生冲突的时候，要“以义为先”“以义制利”。

儒家讲的与利相对的义，其实就是指集体、国家的公利，而利是指一己之私利。孟子说只要谈仁义就行了，其目的就是使国泰民安，而避免只谈利导致国家覆亡的惨局。这种目的不正是国家公利所在吗？所以“公利”也就是“公义”。义作为道德原则，最终都要体现在对于群体的存在与健康发展的意义上来。正是这种先义后利，先国家公利后个人私利的思想观念，培育了一种中华民族的民族精神，造就了一批又一批志士仁人。在国家利益与个人利益发生冲突而不能两存时，他们毅然选择了弃绝小我的利益，乃至献出自己的生命以保全国家利益。人之利莫过于生，人之害莫过于死，而他们却选择了死，因为有比“生”更重要的东西，那就是“义”，有比“死”更坏的情形，那就是“不义”。他们“舍生取义”，选择的是一条遵循“大义”的坦途正道。他们献出了生命，却将大义正气永留人间。儒家之所以提倡“舍生取义”“杀身成仁”，原因就在于作为道德原则的“义”，对于群体的意义远远大于各种“利”。

3．正人与正己

“义”能够使人遵循道德规范，使人走上正道。以“义”来规范人的言行，即以义正人。《中庸》讲“义者宜也”。这是对义的抽象界定，此一界定影响很大，它把义的正当性揭示出来了，没有这种正当性，义就达不到正人的目的。朱熹对于“义”作出了进一步的概括与界定。他说：“义者，事之宜也。”“义者，天理之所宜。”这里的“义”有两层意蕴：首先义是适宜，即正当与否的度，适宜与不宜，应该与不应该须以义为准；其次，义的度即是天理，它是宇宙万物存在发展的根本原则。天理不敢违。在中国传统社会，一旦把某种伦理道德原则与天理统一起来，其规范性力量之强大就可想而知了。

为了加强道德规范的力量，每个人都应该从自己做起，这就是正人要先正己。孔子说：“其身正，不令而行；其身不正，虽令不从”（《论语·子路》）这是说，只有以义正己，先确立自身正确的道德观念，提升自己的道德素质，然后才能去教化别人和管理老百姓。汉儒董仲舒在《春秋繁露·仁义法》中指出，仁的实质是爱人、安人，义的实质则是正我。如果自己道德上不正，即使你能正人，那也不能叫义。如果自己都做不到，却要别人做到，这是不合理的。这就意味着，义首先是行为主体自身的行为准则和价值观念。道德绝不仅仅是对他人行为的要求或评价，而首先是对自身的要求。评价一个人是否有道德，不只是看他知道什么，怎么说，更要看他怎么做。正人不正己，只以义去要求他人，懂得愈多，说得愈好听，只能说明他愈不道德。正己才能正人，正己才能爱人。所以儒家主张多做少说，认为那些巧言令色之徒不可能做到仁。

另一方面，正己也并非一味地约束自己，而容忍他人的不道德行为，正己的目的还是为了正人，以建立合理的社会秩序和人际关系。因此，儒家一方面强调反求诸己，另一方面强调正己然后推及于人，从而使得整个社会道德风尚醇正。

4．正己与正心

如何正己？儒家强调从“心”上用功，正己先正心。《大学》讲“欲修其身者，先正其心；欲正其心者，先诚其意”，就是这个意思。“诚意”就是诚实不欺，仍然属于正心的范畴。“正心”的意思是使人心归正。在儒家看来，人心有许多欲念，有好的，也有坏的；好的欲念为正，坏的欲念为不正；正为善，不正为恶。人心有好恶，人心喜欢善而讨厌恶是正，喜欢恶而讨厌善是不正。儒家认为，一个人如果真能做到诚实不自欺，那么他必定能心正，因为他必然会“好（hào）善”而“恶（wù）恶（è）”，这与每个人都会讨厌恶臭的气味（恶恶臭）而喜欢美丽的色彩

（好好色）那样自然而然。既然如此，心为什么会有不正呢？那是因为心可能会受某些事物的蒙蔽和影响。比如，受利诱就有可能善恶不分，就像嗅觉出了问题，可能不会讨厌恶臭的气味，色觉出了问题，可能会讨厌美丽的色彩那样。就与正常的感官不会出现好恶臭而恶好色的情形一样，正常的本然之心也不会出现好恶而恶善的情形。

孟子认为义的观念就发端于人的“羞恶之心”。羞恶，也就是对恶的否定以及对恶感到耻辱。与之相应的是对善的肯定以及对善感到光荣。在孟子看来，每个人都有“羞恶之心”，因而每个人都在潜意识中有义的观念，只要能反身而诚，回到自己的本心，人就能意识到这种义。孟子为什么不从正面用“好善”来界定“义”，而要从反面用“羞恶”来界定呢？因为好善偏柔性，羞恶偏刚性，而“义”是偏刚性的。义能正人，能使人走上正道，就必须使人与邪门歪道作斗争，与自己心中的恶念作斗争。所以朱熹也讲“义者，心之制”。“羞恶之心”即羞耻心，以羞耻心发之于言行，则会自觉地为善去恶，尤其是去恶更能体现出归向正路这一“取义”的过程。

在孟子看来，虽然每个人的本心都是善的，是喜欢善而讨厌恶的，但日常生活复杂多端，外界事物纷繁复杂，人的本心之善很容易受环境的习染而被遮蔽，从而产生出种种恶的念头与行为来。比如说，年成好的时候，少年子弟多，就可能因为年成好而好吃懒做；灾荒之年，少年子弟多，就可能因为物资匮乏而为非作歹。这是不是说他们的资质天生就不好？不是的。这是由于环境的影响才使他们的性情变坏了。孟子非常重视环境对人的成长和道德品质的影响。他自己小时候，母亲就曾为他三迁其居。母亲这样做，就是为了选择一个好的环境使小孟子能学好，能健康成长。这就是人们所说的"近朱者赤，近墨者黑"的道理。

可是，在大多时候我们是无法选择环境的，我们只有适应环境。在这种情形下，该如何修养自己的德性呢？儒家主张人应该克服种种恶的欲念，有意识地回到自己善良的本心，使心重新归向于正，并由这种已正之心指导自己的言行，使言行无不合乎道德原则，使自己成为一个道德高尚的"义"人，然后以自己的义去感化、教育别人。正因为有坏环境的影响，才更显得"义以正人"之必要，更显得行义的难能可贵。就像周敦颐所歌颂的莲花那样可爱可敬，它"出淤泥而不染，濯清涟而不妖，中通外直，不蔓不枝，香远益清"，实可谓"花之君子"。

三、礼以立人

传统中国是礼义之邦。如果说义是一般的道德原则，那么礼就是具体的行为规范。无规矩不成方圆。一个人要想立足于社会，不能不懂得一些相关的行为规范。而如果要使礼的外在规范内化为人的自觉，就必须以仁义为礼之本。

1. 礼以定伦：立于社会

人在很多方面都不如动物，比如负重不如牛，奔走不如马，但牛马却能为人所用，为什么？荀子告诉我们，因为“人能群”（《荀子·王制》），即人能结成群体，所以力量强大。可我们知道有的动物也是能结成群体的，那么人之群与动物之群有何区别？人的群体是社会性的群体，而某些动物群体是出于自然本能的群体。人之社会性的本质体现就在于，人能明确认识到并自觉遵循各自的名分规定，以形成社会性群体，这就是所谓的“明分使群”（《荀子·富国》）。这里的“分”即是“礼”的功能。所以，礼的根本作用就在于规定人与人之间的人伦关系，使人能结成一个有序的社会性群体，这就是所谓的“礼以定伦”（《荀子·致士》）。荀子很了不起，他是我国第一个明确提出和论证了人的社会性本质的哲学家和社会学家。

礼对于人的群体而言是必不可少的。一个群体若没有相应的礼的规范，必起争端，一起争端，则易乱，一乱则离心离德，一离则弱，一弱就没有力量对付外在事物和其他群体，于是一个无礼的群体必将最终土崩瓦解而不能自存。人类是社会性群体，这就决定了个人不能离开社会而独立存在这一社会性本质。所以人必须学习，懂得礼，才能真正融入社会并立足于社会，才能促使社会和谐进步与发展。儒家重视群体生活，提倡积极入世、修己安人，所以颇重学礼、习礼。孔子所谓“立于礼”（《论语·泰伯》）“不学礼，无以立”（《论语·季氏》）“不知礼，无以立”（《论语·尧曰》）等等，就是告诫人们要学礼、知礼才能立足于社会，成就一番事业。

概言之，“立于礼”有三个方面的要求：一是立于仪节，即作为一个社会人应该懂得和遵循各种礼仪规范；二是立于情理，即要懂得礼不外情理，这会使人更容易理解礼的规范，更易于遵礼而行；三是立于道德，即要懂得礼并不仅限于外在仪式，它更是人内在的道德自觉，如此方能使人在社会上树立起自己的道德人格。下面我们就从这三个方面来介绍儒家“礼以立人”的真义。

2．礼以成文：立于仪节

“交错”与“文饰”，是中国传统文化中“文”这个概念的两个最基本的含义。按照战国时儒家典籍《易传》的观念：自然的交错现象，如天体运行的轨迹，天上星象的分布等等，即所谓“天文”；人的交错现象，如人与人之间的社会交往，社会上的风俗习惯和各种制度等等，即所谓“人文”。天文自然交错，人文则不然，它是人为的结果，并且通过互相习学、共同遵循，而化为社会上通行的一些行为规范，这就形成了人的“文化”。人的“文化”正是对人的自然性的一种自觉“文饰”，从而使人真正成为社会人。其中，“礼”是形成人的文化的一种基本要素。儒家所谓“礼以成文”，正是从人文和文化的意义上看到了礼的意义和作用。这里的礼首先体现在各种具体的礼节和仪式，即所谓“仪节”上。动物是不会自觉地遵守什么仪节的，只有人才会创造出各种仪节并加以遵循。所以，作为个体的人如果要立足于社会，就应该理解和遵守各种仪节。在儒家的思想观念中，人文有时是与神文相对的，文化则与自然性相对。礼作为人文和文化，它能平衡人的心理，使人在精神上沉着、冷静而平和，使人与人之间的交往和谐而有序。

儒家很重视祭礼，但儒家看重的是“立于仪节”意义上的人的文化，并不看重祭的对象即神是否真实存在。也就是说，儒家更看重的是人文而非神文，更看重的是祭祀过程中的礼而非神对于人和社会的意义与价值。

荀子就是从人文而非神文的意义上来理解祭礼的。他说：“雩而雨，何也？曰：无何也，犹不雩而雨也。日月食而救之，天旱而雩，卜筮然后决大事，非以为得求也，以文之也。故君子以为文，而百姓以为神。以为文则吉，以为神则凶也。”（《荀子·天论》）雩，是祭神求雨的意思。荀子这段话的意思是，下不下雨其实与祭祀无关，在君子看来，各种祭祀和卜筮活动并不能真的使人得到人所祈求的东西，它只是人对另外某种目的的一种文饰，一般人还真以为有神在起作用，那就错了。说白了，祭礼所文饰的是人的一种心理平衡和安慰，并由此发展出人的某些德性来。孔子“祭如在，祭神如神在”（《论语·八佾》）。这里的“如”字把此语背后的信息暴露无遗。如，是好像的意思。孔子祭祀祖先时便好像祖先真的在那里，祭神的时候便好像神真的在那里。祖先或神是否真的在那里并不要紧，要紧的是我们要把他们想像为就在那里，以便在祭祀的过程中更加恭敬从事。而“敬”正是礼的根本内涵之一。《礼记·曲礼上》开篇即说习礼要做到“毋不敬”。曾子说：“慎终追远，民德归厚。”（《论语·学而》）“慎终追远”就是重视丧葬和祭祀祖先的意思。可见，祭礼是可以培养人“恭敬”之类的德性的。立于祭礼，实际上是立于礼仪而不是立于祭神。而且，从这种礼仪中培养的“恭敬”之德又可以运用于社会上人与人的交往之中，从而使人立于社会。

除了祭祀之礼，还有许多其他的直接规范人与人之间的交往的礼节仪式，如宴飨礼、婚礼、军礼等等，涉及人们生活的方方面面。在这里，“礼以成文”的社会文化意义展现得尤为充分。以礼来交往，能使人的情感和意志得到恰当的表达。“立于仪节”，即要求人们在人际交往过程中注意视、听、言、动等一切言行举止都要合乎礼仪规范。有了这些规范，人与人之间的交往就会交错而不相乱，从而使整个社会形成文明有序的良好风尚。

孔子认为人格的完善除了要具备智勇之类的德性，还需要“文之以礼乐”（《论语·宪问》）。儒家礼乐思想中的“乐”在某种意义上也是礼。礼使人成为社会人和文明人。孔子讲“文质彬彬，然后君子”（《论语·雍也》），显然一个人要想成为一个有德君子，不能没有礼的修养。

一想到礼，我们脑海中可能会浮现出这样一个人物形象：他温文尔雅，礼貌待人，升降进退，谦恭有节，言行举止，恰到好处。这样的人毫无疑问是受人欢迎的，因为他不与人冲突，与之交往令人心情愉悦。这样的人既然受人欢迎，当然更易于立足于社会。所谓“入乡随俗”也有这方面的意义。俗，即风俗习惯，也主要是指一些礼节规范。入乡如果不随俗，那就有可能无法立于他乡。

古人云“经礼三百，曲礼三千”“礼仪三百，威仪三千”，都极言礼仪之繁多。我们不可能也没必要把所有礼仪全部了解并掌握，但至少要了解和掌握与自己职业和立身行事密切相关的礼仪。现在市面上有不少专门介绍职场礼仪的专著，电视上也有专谈具体礼仪的节目，这是好现象。现代礼仪需要研究、概括和具体制订。无论对个人还是社会，礼仪都具有重要意义。对于个人而言，它是一个人的思想文化水平和道德修养素质的体现；对于社会而言，它是社会文明程度与道德风尚的反映。

3．礼缘人情：立于情理

《韩诗外传》记载了一则孟子休妻的故事。有一天孟子从外面回来，一进门，发现妻子一个人两脚岔开坐在地上（踞）。孟子很不高兴，就跟母亲说，这个女人无礼，我要把她休掉。母亲问何故，孟子就把自己回家看到的情形跟母亲说了。没想到母亲反而批评孟子不懂礼，并引述了相关礼仪规范来证明，于是孟子自责，再不敢提休妻之事。

孟母所引述的礼仪规范，见载于《礼记·曲礼上》，即进门之前，先要高声呼问；进门的时候，视线要向下。孟母不仅仅是引述礼仪规范，更重要的是对这些规范作出了合乎人情的理解。所谓“将上堂，声必扬；将入户，视必下”，无非是为了使屋里的人有所准备，以免失礼于人。这是人之常情。毕竟屋里屋外，独处共处是两种空间。屋里是私人空间，屋外是公共空间；独处是私人空间，共处是公共空间。儒家所谓“门内之治”

与“门外之治”即是对于这两种空间的区分。

礼，本来是缘于人情而制定的，并不是出于某种高尚的目的从人的头脑中空想出来的。礼缘于人情，但并不意味着礼就只是一味地顺着人情的要求而不加以节制，若如此那就可能导致不合理的情形发生。

《礼记·檀弓下》记载了这么一个故事，说有一天，孔子的两个弟子有子和子游在街上游玩，看到一个小孩子走丢了，在哭着找父母。有子就说，你看这孩子尽情地哭，这才是悲伤之情最真切的体现，我就不理解丧礼中为什么要规定怎么个哭法，这一条我老早就想废除了，就像这个小孩那样，想怎么哭就怎么哭，不是挺好吗？子游说，那不行啊。你放纵情感地哭，那是野蛮人的表达方式。因为人的情绪是变化不定的，任其自然发展就容易走极端，所以需要由礼来节制。在丧事中如果你太不把它当回事，毫无悲伤之情，那不行，你得按规矩来表达哀思；如果你悲伤太过乃至伤到自己的身体，甚至危及生命，那也不行，你也得按规矩来。所以礼就是要使人节制而合乎情理地表达自己的言行与情感。

再如，爱美之心人皆有之，也是人之常情，但儒家主张“发乎情而止乎礼”“好色而不淫”。所以礼并不是要禁止人好色爱美，更不是禁止人的所有自然欲望，而是要使人的情感和情绪的表达有节制，避免过度而伤人伤己。儒家所谓“礼之用，和为贵”，就是着眼于此。

《中庸》说：“喜怒哀乐之未发，谓之中；发而皆中节，谓之和。”“发而皆中节谓之和”，即行为符合一定的准则才称之为和，这个准则就是礼，所谓“中节”即合礼。孔子说：“恭而无礼则劳，慎而无礼则葸，勇而无礼则乱，直而无礼则绞。”（《论语·泰伯》）意思是说，只知一味谦恭而不知礼，就会劳倦不堪；只知一味谨慎而不知礼，就会流于懦弱；只知一味勇敢而不知礼，就会盲动闯祸；只知一味正直而不知礼，就会尖刻伤人。这意味着，恭、慎、勇、直均属美德，但都必须以礼节之，符合礼的中和原则，否则就会走向反面成为恶德。换言之，任何德行都必须有一个度作为标准，过与不及均属不当。

礼本出于人情之所安。如果人因礼而不安，要么礼本身有问题，要么人对待礼的态度有问题。如果礼本身没问题，那么就要好好考虑一下我们自身是不是真正理解了礼缘于人情、礼不外于情理。如果理解了这一点，就不会认为礼是外在加于人身的东西，就不会以遵礼为苦。比如，上文讲到孟母教育孟子的例子，进屋之前先高声呼问，只不过为了使人有所准备。这是人之常情，同时也表示对人的尊重。如果理解了这种规范之合情合理之处，那么仅仅通过对人情的观察和理解，即使没有学过礼，大概也知道要这么做。礼之理，不外一个“敬”字，即尊重他人。如果懂得了这个道理，就会从内心出发来行事，从而比较容易真正做到待人谦恭有礼。

4. 礼本仁义：立于道德

一个人要立足于社会，就要遵守相应的礼仪规范。理解礼缘于人情，有助于人们自觉地遵守相应的礼仪规范。然而，在儒家看来，礼的精神必突破外在的礼仪形式，而成为人的内在德性，它必须有助于人的道德人格的完善。

要使礼成为人的内在德性，就必须使人首先成为一个具有仁德的人。孔子说“克己复礼为仁”，这意味着仁德本身就体现在对礼的遵守上，守礼就必须克制自己的言行与情感，“克己”是仁的内涵。一个具有仁德的人往往自然就会有温文尔雅、心态平和、不激不厉的表现，这正是善于克制自己的言行与情感的表现。

孔子还说过，礼并不仅仅在于用什么礼器，穿什么礼服。如果一个人没有内在的仁德，礼仪规范对他又有什么意义呢？他又怎么会真正遵守呢？所以，最关键的是要培养人的仁德才能真正实现礼教。但这并不是说要先脱离礼教培养起一种仁德，然后来行礼。礼与仁是不可分的，礼为仁之文，仁为礼之本，仁就是礼的内在精神。当然，是从孔子开始才把仁的精神贯彻到礼之中的，这也正是孔子对已经崩坏的礼乐所作的一种拯救。

而当仁与礼在道德评判上有差距和不一致时，孔子明确更重视仁这一精神实质。在他的道德观念中，礼的规范性不是绝对的，一个人的行为只要符合仁的精神，是允许对礼有一定偏差的，甚至可以在一定程度上突破礼的制约。这就是所谓的乘权执中，有经有权。这一点从孔子对管仲的评价中体现得淋漓尽致。

春秋时期管仲原为公子纠的谋臣，公子纠在与小白（即齐桓公）的一次战争中战死。若按传统礼法，管仲应该为公子纠殉身，绝不能再臣事于他的仇敌小白。但管仲非但不殉身，反而臣事于小白。管仲的行为颇受物议。他以大夫之职辅佐齐桓公九合诸侯，一匡天下，名为尊王攘夷，实为称霸诸侯，严重违背了古礼。历史上对管仲的评论也多因此责其非礼无节。孔子是不轻易许人以“仁”的，但他虽然指责管仲不知礼，却许其为仁。他从未视其号令诸侯为非礼，反而责怪那些指责管仲不死前主之难的人是执著于“匹夫匹妇之谅”。在孔子看来，如果没有管仲，我们恐怕还处在被发左衽的野蛮状态。管仲安定天下，富泽万民，真可谓“博施于民而能济众”，其功甚伟。这正体现了管仲的大仁大义。可见，儒家所坚守的是礼之中所蕴涵的道德精神实质而非其形式。

所以儒家告诫人们，知礼者必须自觉地承担和履行自己应尽的社会职责和道德义务，否则他将游离于他所属的群体，乃至不能立足于社会。这体现的正是一种自由自觉的道德人格，而不仅仅是行为规范上的拘守。

管仲

四、智者知人

智作为一种德目，在中西方伦理语境中有着不同的内涵。西方伦理传统中作为德目的智主要是指某种认知客观知识的能力，知识丰富也是一种美德。而儒家伦理传统中的智虽然也有知识理性上的内涵，但主要还是一种道德理性。它不看重知识的积累，而看重对情理和事理等的道德认知。以智来分辨是非，实即分辨善恶。儒家认为，一切德性的培养，都要以分辨善恶为前提。如果没有正确的善恶是非观，也就不会有正确的道德行为和实践。

1．智者不惑：人的理性能力

智者能知人，自然也就“知（智）者不惑”（《论语·子罕》）了。智，是一种理性能力。这种理性能力可以体现在两个方面，一是知识认知方面，二是道德行为方面。从知识认知的角度来看，许多领域的认知可以不必有道德的参与，比如，对自然作纯科学的研究即是如此。至于纯科学研究的结论或成果对人类道德影响如何，那已不是对自然作纯知识方面的认知之事，而是另一回事了。这方面的认知可以为我们带来客观普遍的知识，可以称之为对“物理”的认知。其所运用的理性，可称之为知识理性。道德方面的理性行为，也可以不必以对自然的认知为基础，但是不能不有对人的认知。对人的认知与对自然的认知既有相同之处，也有不同之处。相同之处在于，如果把人当作一个纯粹客观的对象来进行研究，则可以形成关于人的科学的认识，获得客观普遍的知识。这方面的认知与纯自然的科学认知无异。但人毕竟与纯自然物又有不同，人有情感，人有道德交往行为，人的道德行为不是私下个人的行为，而必是在与人的交往中完成和实现的。成功地道德地与人交往，你就不能不察颜观色，“察颜观色”就是对人的行为的一种认知方式。这种认知可能由于人的感受力不同、立场不同、角度不同、价值观不同等方面的种种差异，而使得认知结果各异，由此导致行为方式各异，这当然与对纯自然的认知不一样了，它属于道德认知。与对自然作“物理”认知相比较，对人的行为作道德认知，我们不妨称之为对“情理”或“事理”的认知。“情理”或“事理”强调的是人同此心，心同此理，将心比心。其所运用的理性，可称之为道德理性。智，在传统儒家思想中，主要是一个道德理性的范畴，尽管在某些时代或多或少地包含了一些知识理性的因素，但很快又淹没在道德理性的汪洋大海之中。

智，古文多作“知”，《论语》当中就统统写作“知”。“知”有两重读音和意义，一是读平声，是一般的知道、认知、了解和理解的意思；二是读去声，即“智”，指一种更高层次的“知”。《谷梁传》说“智”是“知其不可知”，《荀子》说它是“知有所合”，《释名》说它是“无所不知”，《白虎通义》说它是“独见前闻，不惑于事”等等。可见，作为一种德目，“智”最初是从一般认知而来，并超越了一般认知，是一种道德的智慧。

而在传统儒家思想中，作为道德认知的“智”之所以主要是一个道德理性的范畴而非知识理性的范畴，主要原因可能是由于这种“智”的运用范围与对象被紧紧地限定在“人”这一特殊对象上造成的。

2．智者知人：认识他人

智，在孔子那里就已经定型为一个重要德目了。《论语·颜渊》中孔子在回答弟子樊迟之问何为“智”时，就明确回答“知人”为智。孔子非常看重“知人”，他说不怕别人不了解我，就怕我不了解别人。樊迟对知人为智还不太理解，于是孔子就解释道：“举直错诸枉，能使枉者直。”意思是把直的东西放在弯曲的东西上，能使弯曲的东西变直。樊迟还是不太明白什么意思，又不敢再问，就把问题暗暗记在心中，背后去问同学子夏。可见樊迟的憨厚、诚实与好学。子夏很聪明，马上就理解了孔子的意思，并且能举例以证之。他说老师这话很深刻，意思就是提拔任用正直的人，坏人就难以存在了，比如舜之用皋陶，汤之举伊尹。原来，孔子的意思不过是“知人善任”的意思。可见，其“知人”之“智”是一种道德智慧，其所处理的伦理关系是君臣关系，这就把“智”所运用的对象“人”进一步限制在了政治伦理的领域。

孔子从伦理道德的角度看“智”和“知人”，并多以政治伦理来立论，是有其历史渊源的。《尚书·皋陶谟》记载了大禹的一个观点：“知人则哲，能官人；安民则惠，黎民怀之。”哲就是智慧，他的意思是说，如果有“知人”之“智”，那么在政治上就能做个好的高级官员乃至帝王，管理其他官员。从《尚书》来看，“哲”“智”等品性也多是用在帝王与高级贤臣身上的。很明显，这里的“知人”是君臣而非君民关系意义上的政治智慧。而孔子及其弟子子夏以“知人善任”来理解“知人”之“智”正是对《尚书》的这种思想的准确理解。

那么如何做到“知人”呢？孔子曾经在批评弟子宰我时提到了自己的一种看法。有一天，孔子看到宰我白天睡大觉，就很生气，骂他朽木不可雕。我们知道古人受条件所限是没什么夜生活的，肯定不像我们现在这样晚上因为有电灯就可以像白天一样工作和娱乐。我们晚上睡得晚，白天睡一下是完全可以理解而且必要的。而古人晚上睡得早，睡眠充足，白天当然不应该再睡了，若睡了就是懒惰。看来，宰我是该骂的。孔子在骂了宰我后，还总结了一条“知人”上的经验教训。他说，以前啊我看人，听了他说的话就相信他会做得到，现在看来这样不对，听了他说的话还要看他的行为。这就是所谓的听其言，观其行。不了解一个人的言和行就不足以真正了解那个人。如今领导在考察下属时也不外要听其言，观其行。

宰我

孔子知人为智一说，具有强烈的现实品格，他除了从传统的君臣关系上立论，还进一步扩展到了君民关系上。同样在回答樊迟问知时，孔子说“务民之义，敬鬼神而远之，可谓知（智）

矣”。意思是导民于道义，使之敬鬼神而远之，这是明智之举。孔子对鬼神的存在与否是持怀疑态度的，但他又并不简单否定鬼神的存在，而是远而敬之，以便神道设教。教化及其效果是很现实的社会范畴的事情，所以不管鬼神存在与否，“敬之”以使之保持一种威摄力量，是明智的。显然这种“智”同样不是以科学认知的态度研究鬼神之有无，而是以一种政治上权衡的“明智”心态来维持社会发展。因而这种“智”纯是伦理意义上而非科学认知意义上的。这仍然是从君王的角度看问题的，不过是教君王如何治民而不是御臣。其现实品格除体现在神道设教的“教化”之上外，更体现在导民于道义上。道义也是维护统治的社会伦理道德秩序，一切教化都将以此为归宿。这与他“未知生、焉知死”的思想取向是相一致的。后来孔子的学生曾子说得更明白，“慎终追远，民德归厚”，提倡丧葬祭祀的目的在于使民风淳朴厚道。从“知人”的角度来看，显然，孔子从政治伦理扩展到了社会伦理，从具体个人的“言行相掩”扩展到了社会群体的道义。于是，“知”的对象——“人”，就由个体变成了社会群体。

3．智之端：认识自我

循着知人为智的思路，孟子把所知之“人”进一步抽象为类意义上的人了。孟子以“是非之心”为智之端，而这种是非并非客观认知意义上的是非，乃是伦理道德意义上的是非，也即善恶观念。在孟子看来，人生来就有道德理性，能先天地分辨出道德善恶。现实中的人之所以可能为恶或作出错误的道德判断，是因为受到后天的濡染与影响。这里，孟子并非针对具体的个人，而是针对人这个类来立论的。也就是说，每个人不管是善人还是恶人都有一种先天的道德智性。要使社会和谐，就要使每个人都有一种内在的道德自觉。培育这种道德自觉的过程就是“知人”的过程了。

道德自觉如何培育？孟子的程序是：尽心——知性——知天。这也是每个人认识道德自我即“知人”的过程。这个过程是向内超越的，它使人一步一步向内心深处探寻自己善的本性或天性。人的先天智性是人能探寻到自己先天善性的保障。由此，知人之智就从客观的社会伦理道德领域，返回到了主观的先天伦理道德领域；从外在的道德规范，返回到了内在的道德自觉。孟子在这一返回过程中起着至关重要的作用，其影响至为深远。

本来对于“知”的理解，在孔子那里还或多或少地含有一些客观认知的因素，但因孟子先天道德观念一出，这一因素就被冲淡了。后世儒家对“知”作了“见闻之知”与“德性之知”的区分。“见闻之知”与客观认知近，“德性之知”即先天道德之知。这一区分直接承认和提出了客观认知的问题，但由于对“德性之知”的特别强调，“见闻之知”免不了遭到夭折的命运。然后还有“格物致知”说，使“知”的对象和范围超出了人，进入了自然物，让我们看到了在“智”上某种科学实证的成分，但由于仍然将“格物致知”置于与诚意、正心、修齐治平为一体的伦理道德的思路中来理解，将所知之理置换为伦常意义上的天理，于是，格物致知不可避免地重新走入了向内的道德自觉，而与科学实证之知擦肩而过。

儒家称仁、智、勇为三达德，所以“智”主要是作为一个道德德目起作用的。孟子说：“智之实，知斯二者（仁与义）弗去是也。”（《孟子·离娄上》）智在知人，不仅在知人之仁与义，也在知人的其他所有德性，单表仁义乃提纲挈领之言。“智”作为儒家伦理的重要德目，尽管具有不少认知的实证的因素，但始终未能真正超离伦理道德的范畴。其原因主要有二，一是其所知之对象始终没有离开人，没有真正面对自然界；二是对人的内在道德自觉的片面强调。社会历史实践表明，单纯的道德社会或道德人是难以为继的，人除了发挥自己的道德智性，还要充分发挥自己的客观认知方面的智性，社会与人才能和谐发展。

五、信以待人

信，是维持社会正常运转的一种基础德性。如果社会上的人都不讲诚信，那么这个社会就一刻也不能存在下去。同样对于个人来讲，如果不讲诚信，既不信人和其他事物也不为人所信，那么这个人恐怕也一刻都不能存在。

1．人而无信，不知其可

儒家五常较早的一种组合是“仁义礼智圣”，后来“圣”义被超越化与神圣化，成为一种纯粹的理想人格类型，不再是某种德性品质所能涵盖的了。到董仲舒，开始概括出“仁义礼智信”五常之道，以“信”代“圣”，“信”便成为一种最基本的道德规范。

信，从人从言，本指人所说的话，许下的诺言、誓言，故常与忠、诚连接为忠信、诚信。作为道德范畴，它的核心内涵是真实无妄，即对某种信念、原则和语言发自内心的忠诚。信与不信乃是人际交往和社会有序的基础问题，信则使人际交往和社会有序得以可能，不信则将使人际交往和社会有序走向虚伪乃至最后崩溃。

孔子以文行忠信，即文化、言行、忠诚与诚信四个方面为其教育之四科目或“四教”，诚信教育即赫然在其中。《论语·卫灵公》载孔子答弟子子张问行时这样说道：言语忠诚老实，行为忠厚严肃，纵使到了四方落后的部族国家，也行得通；言语欺诈无信，行为刻薄轻浮，即使是在本乡本土，那也行不通。他告诫人们要讲究信义，做到言而有信，行而有信。信首先要求言行一致，信守诺言。其次，信要求人的行为保持一贯性，不能朝三暮四、翻云覆雨。孔子讲的“谨而信”“敬事而信”“笃信好学”“人而无信不知其可”等等，都是强调这一点。孔子的弟子曾子每天“三省吾身”，其中就有两省都与忠信有关，一是为人谋而不忠乎，二是与朋友交而不信乎。可见信在日常生活、为人处世中的重要性。

除了适用于日常生活伦理领域，信还适用于政治伦理等领域，在某种意义上信是立身立国之本。这是信的普适价值之所在。《左传》以信为“国之宝”。孔子说一个国家可以去食、去兵，但不能去信，“民无信不立”。这是对信的政治价值的充分肯定。

《中庸》则说出了一国上下君臣朋友亲己之间的致信之道与次序："在下位不获乎上，民不可得而治矣；获乎上有道：不信乎朋友，不获乎上矣；信乎朋友有道：不顺乎亲，不信乎朋友矣；顺乎亲有道：反诸身不诚，不顺乎亲矣；诚身有道：不明乎善，不诚乎身矣。"此一致信之道与次序，最终是向内要求人反身而诚，明乎人的善的本性，这一思路正是孟子主先天性善论之先声。它由此揭示出了信也是一种先天德性，它在人性和天地之"诚"中有其本体论的形上根据。这一点我们在下文马上会谈到。《吕氏春秋》则从反面更加具体而细致地论述了"君臣不信""处官不信""赏罚不信""交友不信""百工不信"等国家社会上各类不诚信行为将导致的严重后果，并从正面指出信的价值："夫可与为始，可与为终，可与尊通，可与卑穷者，其惟信乎！"

无论是日常生活伦理领域，还是政治伦理领域，都无外乎人与人之间的关系。而作为人际交往的行为规范，信就是诚实不欺，讲究信誉，信守诺言。人与人之间应该真诚相待，这是建立良好人际关系最基本的要求。真即出自本心，诚即忠于本质，言行一致，表里如一，不欺人不自欺，讲究信义，才能言可复、行可行，获得他人的信任、尊重，从而保证其言行的一贯性、真实性和有效性。

信并非仅指对他人的信任或他人对自己的信任，它更是一种自信，即忠实于自己的本质，使一言一行、一举一动都符合自己真实无妄的本性、人格的自我同一性。儒家把它概括为正心诚意。所谓正心即端正本性，所谓诚意即"毋自欺"。朱熹阐述说："凡人所以立身行己，应事接物，莫大乎诚敬。诚者何？不自欺、不妄之谓也。敬者何？不怠慢、不放荡之谓也。"（《朱子语类》卷一一九）信在应事接物中，首先是对自己的要求，信于己、不自欺就是要忠实于自己真实无妄的本性。形于外而动于中，动于中而发于外，应事接物皆率性而行，真诚坦荡，"起初好善恶恶"，无一丝勉强，无一丝夹杂，完全出自本性，身心一致，可对天地。不欺人不自欺的诚信，是沟通人际关系，促进人与人之间相互尊重、相互理解、相互信任的重要精神纽带。

2．信于义

以信作为处理人际关系的精神纽带，诚实不欺、重然诺、守信用是最起码的道德要求，但是儒家并不以言行一致作为绝对的僵化的行为戒律。在日常生活中，对人的言行之"信"不能作孤立的要求，五常中"信"居最后以及它的影响不如仁义礼智大，大概可以稍微透露一些这方面的信息。为了强调"信"本身不足以作为言行的绝对标准，孔子甚至说，"言必信，行必果"是小人行径，是"匹夫匹妇之谅"（《论语·子路》）。乍看上去，颇令人不解。那么美好的一种德性，居然被说成是一种小人行径。难道要鼓励人们言行不一吗？对此，孟子作出了非常好的理解和阐发。他说："大人者，言不必信，行不必果，惟义所在。"（《孟子·离娄下》）原来问题就在于所言所行是否合"义"。合"义"就当言必信，行必果；不合"义"，即使言必信，行必果，也很难说是符合道义上的信。

所以，儒家的信与义是不可分的，故常以“信义”称之。尤其要强调的是信不能脱离义。义，即道义，它是道德标准、道德义务与道德责任。儒家强调在人际交往中不应轻易许诺，许诺就是承担一种责任。符合道德的，应大胆承担责任，不符合道德的，不能随便许诺。所说的话是否需要践行，同样要以义为标准去衡量。不顾义的标准，离开道德标准，片面强调信，机械地遵守言行一致的行为规范，并不符合信的本质，它必然导致对道德责任的否定，使人为所欲为，破坏社会的正常秩序，无法维护正常的人际关系。所以儒家坚决反对践行不符合道德的言论。张载在《正蒙》中就明确指出：“君子宁言之不顾，不规规于非义之信。”

信于义就是对自己应该承担的社会职责和道德义务的高度自觉和执着的坚守。每个人都生活在社会中，并在特定的社会结构中扮演一定的社会角色，这一角色的社会地位规定了他应该承担的社会责任和社会义务。因而，社会对处于不同地位的人有着不同的道德要求。为了保证社会秩序的安定和社会的发展，每个社会成员都应忠实于自己的社会身份，即忠实于自己应当承担的社会职责和道德义务。只有如此，才能使信真正成为人际交往的精神纽带，建立健康的人际关系。

3．信的形上根据：诚

从儒家对于“信”这一德目的重视，同时又不片面强调信，尤其是对信不能脱离义而孤立实践这一点的强调，可见儒家伦理的现实品格与理论上的深刻。而更能体现其深刻本质的在于："信"超出其日常生活伦理的范畴在哲学形上领域也有其根据，其根据就是"诚"。从哲学形上领域来看，"诚"可以说是儒家思想的最高范畴。

儒家肯定宇宙万物是一种客观实际的存在，它并非虚假的、虚无的、被设定的，而是真实的存在。这就是所谓"诚"。他们认为，客观的天道真实无妄，人道作为天道在人类社会的具体表现也同样真实无妄，道德实实在在存在于天、地、人三才之中。因此，诚信首先是对宇宙存在的价值肯定，是对人的本性、人类道德价值的肯定。它强调人的存在、人类道德与人的本质、天地自然的本质完全一致，是出自于人与天地的自然本质。《中庸》所谓"诚者，天之道，诚之者，人之道"，《孟子》所谓"诚者，天之道也；思诚者，人之道也"，都是要求人们尊重客观天道，认同客观天道，遵循客观天道，按照人的本质去生活，去行动，使天然的德性化为自然的行为，无一毫的勉强、做作，这就叫做"真实无妄"。

由此可见，信从根本上说是对人的本性和存在的真实性的价值肯定，是人们对于自己本性和存在的忠诚。真的存在是本质的存在，本质的存在是最有价值的存在。人的生活也只有符合自己的本质，成为本质的自然显露时，才是真正道德的生活，才能以"应当"的行为方式处理好与自己、他人及社会的关系。它要求人们的一言一行都出自自己的本性，符合自己的本性，从而保证人格的真实性。

原则与方法

儒家伦理中仁、义、礼、智、信等基本德目和所有伦理活动，其背后都含有儒家道德实践中一些更为一般性的方法论原则。比如忠恕之道的道德思维方法，重义轻利的行为选择模式，中庸之德的行为选择标准，以及以权返经的对待道德冲突的态度等等。儒家伦理中的具体德目更容易受制于具体的时代条件而具有比较大的局限性，而这些一般性的方法论原则则在某种意义上更能够超越时代的限制而具有更加久远的价值。所以，相对于儒家伦理中的具体道德规范和德目而言，这些道德上的方法论原则更是儒家伦理的精华所在。

一、忠恕之道

孔子曾经对弟子曾参说："参啊！你应该知道我立身行事所遵循的一以贯之的法则（道）。"曾子说："弟子明白。"等到孔子出去后，其他同学都来问曾子，老师说的那个一以贯之的道是什么。曾子说，老师说的这个道就是"忠恕"二字。

忠恕之道是孔子一生立身行事的一贯之道。经过后世儒家的极力倡导和不断深入的理论论证，忠恕之道成为了中国传统伦理文化中非常重要的一种伦理理念。从根本上讲，这是一种推己及人的道德思维方法。它强调：做人要从责己入手，诚恳待人，从日常生活实践做起，由近及远。这种道德思维方法背后的大前提是：人与人是同类，因而有共同的人性。从这里出发才能真正做到平等待人、以己度人、推己及人。在当今全球化时代，儒家的忠恕之道对全球伦理秩序的建设是有重要启示的。

1. 忠恕之道，推己及人

所谓忠恕之道，其本质内涵就是推己及人。它包含消极和积极两种方式：从消极方面讲，就是“己所不欲，勿施于人”；从积极方面讲，就是“己欲立而立人，己欲达而达人”。前者是要求人们能够将心比心，对于不愿别人伤害自己的思想和行为，

曾子雕像

自己也不应当以这种思想和行为去伤害别人；后者是要求人们能够视人如己，由自己的心去理解、推知他人的心，去积极地利人、助人。不论是“所欲”还是“不欲”都是自己内心的感受，不论是“勿施于人”还是“立人”“达人”，都是针对他人。所以，不论是从消极方面看，还是积极方面看，忠恕之道说到底就是一种推己及人的道德思维方式。

这种推己及人的忠恕之道，儒家又把它叫作“絜矩之道”（《大学》）。“絜”的本义是用绳子计量图形物体的粗细，意即衡量、度量、推度；“矩”是法度、规矩。所谓絜矩之道，就是以自己的感受来衡量、理解他人，并以此来要求自己，遵守相应的道德规范。比如，儒家经典《大学》讲“所恶于上，毋以使下；所恶于下，毋以事上。”意思是：如果讨厌上级对待自己的做法，就不要以同样的做法来对待自己的下级；如果讨厌下级对待自己的做法，就不要以同样的做法来对待自己的上级。儒家的另一部经典《中庸》也提出了同样的思想：“所求于子，以事父”；“所求于臣，以事君”；“所求于弟，以事兄”；“所求于朋友，先施之”。总之，自己所希望得到的，也以同样的心情让别人得到，既要从自己想到他人，又要从他人来检讨自己，要通过这种换位思考来多方面理解他人，并以此严格要求自己。可见，推己及人，是一种道德自律。这就是说，在儒家看来，如果是“己所不欲”却还要施之于人，是“己所欲”却要阻碍别人去满足同样的欲求，那是不道德的。

但问题是，欲念有善恶，且因人而异，某人所不想要的未必都是恶的，某人想要的又未必都是善的。如果不管欲念之善恶，一味地推己及人，就有可能不仅善的东西推不出去，反而把恶的东西推出去了。所以，明代学者吕坤指出，推己及人关键要看“那推心者是甚念头”（吕坤《呻吟语·人情》），也就是要看那所推的欲念是善还是恶。如宋儒朱熹所言“自家不孝，也教天下人不消得事其亲；自家不忠，也教天下人不消得事其君”（《朱子语类》卷五十六）之类，如吕坤所言“好色者恕人之淫，好货者恕人之贪，好饮者恕人之醉，好安逸者恕人之惰慢”（吕坤《呻吟语·人情》）之类，都是把自己恶的欲念推及于人。在儒家看来，这种推己及人是“无原则的推己及人”，并非真正的忠恕之道。

也就是说，忠恕之道是推己及人，但并非所有推己及人的做法都是忠恕之道。必须承认的是，忠恕之道确实有滑入无原则的推己及人的危险。历代儒家对此也有着明确的意识，并努力对忠恕之道作了进一步的理论上的论证和限定。

在宋儒看来，产生“无原则的推己及人”这一危险的原因，主要是只看到“恕”字而没看到“忠”字，更不知道“忠恕只是一物”（陈淳《北溪字义·忠恕》），不可分割。朱熹说：“尽己之心为忠，推己及人为恕。”（朱熹《四书章句集注·中庸章句》）从忠恕两者看，忠是恕的前提。如果没有“尽己之心”的忠，便没有“推己及人”的恕。恕由忠出，并体现了忠。

这里不仅仅是作客观的道德描述，而且存在一种道德价值判断，也就是说只要能“尽己之心”，只要能做到“忠”，就必然在道德动机与效果上都是善的。“尽己之心”就是使自己心诚意正。心诚意正必定为善是以孟子的人性本善思想作为理论基础的。因为人的本性是善的，本性即本心，所以只要真的做到“尽己之心”，就必定会发出合乎道德的善的欲念与善的行为。后来二程把“忠”直接视为“天理”（《河南程氏遗书》卷十一）。“天理”无不善，于是在宋儒那里忠恕之道所推的就变成了“天理”而非人之所“欲”。这固然可以在理论上解决无原则的推己及人问题，但在道德实践上却陷入了禁欲主义，强化了对人的外在限制。所以王阳明倡“致良知”之说，反对把天理外在化，而主张扩充人的道德本心，于是推己及人的忠恕之道就成了人的良知或良心的推演。它告诫人们在处理人际关系时要讲良心，凭良心办事，为人处事应时时反省自己，将心比心，主动积极地扩充自己的良心。而良知或良心从某种意义上讲又只不过是无不善之“天理”的内化，在道德实践上也容易陷入类似的困境。

可见，不论是二程还是王阳明，对忠恕之道都只是作一种抽象的理论思辨，都把欲与理对立起来，都抛弃了先秦儒家思想中的经验感性因素，而被具体规定在“存天理，灭人欲”这一宋儒所宣扬的道德纲领上。这固然也能培养一些道德高尚的人，但由于它与人具体感性的现实生活很遥远，要么走向虚伪，要么走向禁欲，因而这种推己及人的忠恕之道也难以在道德生活实践中获得普遍而充分的展开。

2. 能近取譬，为仁之方

上述那种抽象的理论思辨只能从理论上或道德动机上摆脱忠恕之道可能滑入“无原则的推己及人”的危险。但它只是从理论上论证了人天生就有善的道德动机，只要把这种天生的善性发扬出来，就不会把恶的欲念推之于人，从而实现“有原则的推己及人”，这个原则就是天生的善的动机。而真正作为道德实践方法的忠恕之道，应该像我们今天所讲的那样，做到内在道德意识和外在道德行为、内在道德动机和外在道德效果相统一。因为单纯道德善的动机或先天善的原则，并不能保证一定能产生道德实践中善的效果。

在忠恕之道这个问题上，儒家除了从道德动机上作理论思辨这一传统之外，还有一个注重道德动机与效果相统一的道德生活实践的传统。前者认为做到了忠就必定表现出恕，做到了“尽己之心”就必定能“推己及人”。实际上这只是强调了“忠”，或“尽己之心”，并没有真正重视“推己及人”。这样，只要自己问心无愧就行了，至于人家是否真正受益那就不管了。哪怕是在客观上造成了“以理杀人”的效果，也能心安理得。而在注重人的感性具体生活的道德实践传统中，儒家并不回避人的欲望和情感，反而把对他人的欲望和情感或利益的某种程度的满足视为推己及人之忠恕之道的本质体现。这个意义上的忠恕之道就不只是理论抽象了，而是现实和具体的。

子贡问孔子，如果某人能广泛地施恩惠于民，帮助大家过上好日子，他能算是一个仁者吗？孔子说那岂止是仁，简直可以称“圣”，恐怕尧舜都未必能完全做到。孔子虽然在这里区别了仁与圣的层次，但显然两者之间只有程度之别，而无本质差异，圣德是仁德的进一步扩展。那么仁德又是如何实现的呢？孔子说，凡事能就近以自身作比，推之于人，就是实现仁德的方法，即所谓“能近取譬，可谓仁之方也已”（《论语·雍也》）。方，是方法和途径的意思。而进一步具体来说，就是“己欲立而立人，己欲达而达人”（《论语·雍也》）。

从忠恕之道与实现仁德的关系上，我们至少可以看出两点意思：第一，忠恕之道并非抽象的道德理念，而是具体的，是肯定人的情感欲望的。从根本上讲，忠恕之道所推的并不是外在的伦理规则，而是内心的爱。这种爱，肯定了对人的利益的满足，孔子对博施济众的肯定即是此意。仁，是孔子整个学说的核心，其基本精神是“爱人”，而忠恕之道又是他学说中“一以贯之”的东西，因而孔子的忠恕之道乃是他的仁学的具体化，即后儒所谓的“恕则仁之施”。于是，忠恕之道也就是以爱人之心去对待他人。第二，忠恕之道需要由近及远、由己而人地在具体的现实生活中去实践，这样才能培养仁德。所以孟子说：“强恕而行，求仁莫近焉。”（《孟子·尽心上》）意思是忠恕之道是最接近仁德的。孔子也说：“仁远乎哉？我欲仁，斯仁至矣。”（《论语·述而》）这也意味着培养仁德的下手处是“能近取譬”、推己及人的忠恕之道，循此便可达到仁。我们知道，儒家的仁爱乃是从亲亲开始渐至仁民爱物的过程，因而忠恕之道也并非抽象地无差别地去爱，其间包含着许多具体的内容，这又是其现实性与实践性、丰富性的一个体现。

从人生道德境界来看，儒家认为独善其身是不够的，更重要的是要能“兼济天下”，要在成人中去成己。因此，相比而言，构成忠恕之道的消极与积极两方面的行为中，“己所不欲，勿施于人”乃是基本的要求，而积极帮助他人的“己立立人，己达达人”则是更高层次的要求，这对实现自身的道德价值，完善自己的人格，才是更为重要的。所以，忠恕之道的推己及人，绝对不是退回内心，得到一种心安理得就可以了，也不是推销抽象干枯的道德教条，而是必须以一颗爱人的心真正对人有现实的帮助，既要有善的道德动机也要有好的效果。

3. 人我类同，平等相待

构成忠恕之道的“己所不欲，勿施于人”与“己欲立而立人，己欲达而达人”是具有丰富的感性经验内容的道德原则，它要求人们能够将心比心，推己及人，并以此作为仁德的具体表现和实现的具体途径。这在孔子时代是一种适应历史潮流的进步思想。那是中国奴隶制社会开始瓦解的时代，尽管当时人仍有尊卑贵贱的等级之分，但人们已经开始认识到奴隶也是人，而不是工具或牲畜。正是基于人的发现，基于人的“类”存在的自觉，孔子才能提出推己及人的忠恕之道。因为，既然人与人是同类，则在欲求上必可相通，相通故可以己度人、推己及人。所以对于人我类同的认识，是忠恕之道的大前提。正是从这个大前提出发，后世儒家才能强调“人同此心，心同此理”，才能从人所共尊的“天理”或人所必有的“良知”角度来论证“有原则的推己及人”的忠恕之道。

忠恕之道的这个大前提又蕴涵着一个进步观念，即人与人之间是平等的。只是因为儒家是礼制的维护者，所以不断地强化了人的等级差别，从而窒息了忠恕之道中所蕴涵的平等精神。

这就造成了忠恕之道在其历史演进中的一个深刻的矛盾。这一矛盾到了明清之际，随着中国商品经济的发展，市民阶层的形成，资本主义的萌芽，忠恕之道中所蕴涵的平等内涵才逐渐显现出来，受到人们的重视。清初思想家唐甄就明确地提出了“侯王非高，庶人非下”（《潜书·抑尊》）的思想。正是从这种“抑尊”的主张出发，他呼吁“五伦百姓，非恕不行”，并把恕解释为人人平等，要求将其贯彻到一切人伦关系中去。

也正是由于这种平等精神，才使得推己及人的忠恕之道真正体现为对人的尊重与关爱。由于这种尊重与关爱，才使人真正将心比心、与人为善，使人真正以理解、体谅、同情的心情设身处地替人家着想，使人真正具有宽容的精神。真正的宽容是相互尊重的平等主体之间的交流，而不是居高临下的施舍。同样由于这种尊重与关爱，在推己及人的时候，才不会为自己的私欲、私心所蔽，而能以诚敬之心，按道德原则办事，同时做到严己宽人。所以，忠恕之道中又蕴涵着一种道德自律的精神。没有自律的精神就没有忠恕之道，也不可能有其他道德可言。西方文化也强调“道德是人类精神的自律”，从这一点来讲，中国传统伦理文化同其他民族的传统伦理文化是可以汇通的。

在传统专制统治下的等级社会中，忠恕之道中所蕴含的这些精神都受到不同程度的挤压，也使得忠恕之道的真正意义和价值难以充分显示。当今社会是人人平等的社会，人人平等的观念是一种世界性的观念，所以我们有理由相信：传统的忠恕之道在现代更能发挥它真正的意义和价值。在全球化的今天，在不同文明对全球普遍伦理的探索中，人们也发现了“己所不欲，勿施于人”的价值，它与其他文明的类似观念一道被称为伦理道德上的“黄金规则”。这体现了儒家传统的忠恕之道对世界伦理文化发展的贡献。

二、义利之辨

义利之辨是中国传统伦理学所讨论的一个基本问题，各家各派多有论述，而以儒家为甚。宋儒程颐说：“天下之事，唯义利而已。”（《河南程氏遗书》卷十一）朱熹说：“义利之说，乃儒者第一义。”（《与延平李先生书》）大体而言，重义轻利是传统儒家在义利关系问题上的基本价值取向，它不是一般地否定利的合理性，而是指在义利发生冲突的时候，人们必须分清孰重孰轻、孰先孰后，坚持以义为先、为重。这种行为选择的模式实质上是一种价值选择，一方面为我们中国赢得了“礼义之邦”的美誉，另一方面由于后儒片面地强调义，甚至把义利对立起来，助长了蹈虚不实、不务事功乃至遏制合理利益和欲望的流弊。事实上，早期儒家并不否定利，在某种意义上还很看重利，比如儒家就主张利民、富民。

1. 问题凸显：春秋无义战

对义利的分辨最著名者莫过于孔子那句“君子喻于义，小人喻于利”。但孔子并非分辨义利之始，他的这句话、这一主

春秋无义战

张亦非无源之水、无本之木，孔子之前的知识界就已经形成了分辨义利且重义之风。这种思想风气是对当时社会只言利不言义之风的一种批判。春秋之世礼崩乐坏，王道衰微，一股“事利而已”的思潮冲击着传统的道德观念。

孟子云：“春秋无义战。”（《孟子·尽心下》）意思是春秋时的战争都是非正义、不道义的，都不过是为了争霸与掠夺。岂止春秋时的战争无“义”，春秋时的休战止兵运动亦无“义”可言。公元前546年，宋国再次约定晋楚“弭兵”，即召开停战和平会议，除楚国外还有十多个国家参会。楚国人赴宋参会，但暗藏铠甲，企图借此起事取代晋的盟主地位。楚国大臣伯州犁觉得这样做不够诚信，请求脱掉铠甲，但宰相子木没答应，他说：“晋楚之间老早就没有诚信了，都是事利而已，如果能达到称霸的目的，还讲什么诚信？”（襄公二十七年）事实上这样的会盟春秋经常举行，表面上是为了和平，实际上无非为了取得霸主地位并获得别国的承认。宋楚的这次会盟，使得两国平分霸权。楚人此举此说具有代表性，它突出地反映了当时社会上利益与道德就是利与义之间的激烈冲突。正是由于“义”字在春秋诸侯心目中已经没有任何地位，社会秩序一片混乱，正直进步的思想家们才站出来说话，倡导义，反对将利置于义之上。比如主张“德义，利之本也”（《左传》僖公二十七年）“义以建利”（《左传》成公十六年）“居利思义”（《左传》昭公二十八年）“夫义所以生利也”（《国语·周语》）“夫义者，利之足也；贪者，怨之本也。废义则利不立，厚贪则怨生”（《国语·晋语》）等等，这些观念都是孔儒义利观的思想先导。

2. 以义制利：道德和利益

何谓义？何谓利？一般而言，义指道德原则，利指物质利益。义利之辨首先突出地体现在道德原则与物质利益这二者之间的关系上。因为孔子以义和利作为君子与小人分野的标准，于是人们就认为孔子将义与利对立起来了，欲存义而弃利。实则不然，先秦儒家通情达理，不作僵硬的道德教化。利，是每个人都需要的，不可能一概否定。孔子虽“罕言利”，但并不否定利。孟子、荀子也都承认利为“人之所欲”。孔子说：富与贵是大家都想要的，但是如果不是通过正当途径（即道、义、道义）获得的富贵，君子是不会接受的；贫与贱是大家都厌恶的，但是如果不通过正当的途径摆脱贫贱，君子是不会摆脱的。这就是先义后利、以义制利的思想。这不是说要否定利，而是承认利，但要以义来制约利。

可是，这个作为道德原则的“义”到底指什么样的道德原则？孔子没有明言，他还只是把“义”当作道德的同义语，或者把它当作一般的道德原则，只是“应当”的意思，而没有太多明确的何为应当、何为不应当的规定。他说：“君子之于天下也，无适也，无莫也，义之与比。”（《论语·里仁》）意思是说，君子对于天下之事，并没有规定一定要怎样干，也没有规定一定不要怎样干，只要合理恰当，就怎样干。可见，这里的“义”只是合理应当的意思，而没有具体的规定。孔子还说，如果能求得财富，就是让我做市场的守门卒我也可以干。可见，孔子的“义”并没有具体的意识形态上的阶级偏见。

后来，“义”有了具体的道德原则上的内涵，如《中庸》以“尊贤”为义，《易传》以“禁民为非”为义等等。孔子只是讲到仁与义，并未将二者连言，而孟子不但“仁义”连言，将“义”置于与“仁”同一层次，并进一步将义与仁、礼、智三德一起上升为人人具有的先天道德本性，使之成为人禽之别的标准。这一点也体现在义利关系上，而且使得义利关系的涵义发生了转移，转移到了理与欲、公与私之别。

3．利在义中：公利与私利

朱熹认为，孔子“罕言利”的原因是，利最难言。利不是不好，但如果倡利的话，就怕人一味地去趋利；而完全不说或否定利也不好，总不能教人去“就害”吧。朱子是沿着孟子的思路发展的。趋利避害是一切动物之本性，但人毕竟是人，不是一般动物，人与禽兽相区别的特殊本质就在于人不能停留在这个动物性上，而应该具有道德意识，这个道德意识可以说就是“义”。“义”一旦上升到人禽之别和人之为人的先天道德本性这样的高度，就具有了对“利”的绝对优势，就甚至可以使人舍生就害而取义了。于是孔子那里的杀身成仁，就转换成了孟子的舍生取义了，义具有了仁的地位。到宋儒那里，利就成了私欲，义就成了天理。程颐说：“理者天下之至公，利者众人所同欲。”朱熹要求人们“时时思省义理何自而来，利欲从何而有。”

在义利关系问题上，宋儒并没有把“存天理、灭人欲”的原则贯彻到底，他们也承认，利是人之所欲，但利分公利与私利，并以私利为人欲而以公利为天理，所当灭者是私利，而公利当存。这也是义利关系上作变通的体现。于是，义利之辨就转换成了公私之辨。程颐说：“义与利，只是个公与私也。”以公利与私利之别讲义与利也是符合孔孟之意的，它把义利关系上的社会群体道德价值揭示出来了。儒家学者大多主张个人私利当服从天下国家的公利。孔子讲“务民之义”“因民之利而利之”，主张对老百姓“先富而后教”，孟子讲“与民同乐”“制民之产”，荀子讲“富国”，董仲舒讲“王者亦常以爱利天下为意”，张载讲“义公天下之利”，程颐讲“与众同利，无侵于人”，陆九渊讲做官“必皆共其职，勤其事，心乎国，心乎民，而不为身计”等等，无不是讲要以百姓群体国家的公利为义，以公利为重。

从以上义利之辨的展开来看，其实义与利并非截然对立的，实质上是以义来谈利，义是公利，所以利在义中，义中有利，讲论义也是可以获得利的。如孟子劝王“何必曰利”，只谈仁义就可以了，主要是怕一旦不加分析地倡导利，就可能使欲利之贪心有害于公利。他并非完全否定利，而是认为仁义中其实有大利在，讲论仁义、实施仁政就可以导致王道的实现，实现王道这样的理想政治不正是国家人民的大利吗？正如程颐所言：“唯仁义则未求利而未尝不利也。”（朱熹《四书集注》引程颐语）

4．义在利中：道理即在货财中

儒家并非不讲利，而是主张要通过义来讲利，通过讲义来实现大利、公利。但这种求利的方式在阶级对立、贫富分途的社会中，必然会存在存义去利的现实逻辑。董仲舒说：“正其谊不谋其利，明其道不计其功。”（班固《汉书·董仲舒传》）句中“谊”字，通义。这种说法就完全不考虑功利效果而只看是否合义了，以此施之于治国行政，就容易产生蹈虚不实忽视国计民生的流弊。宋代功利论儒家看到了这个问题。如叶适就说：“正谊不谋利，明道不计功，此语初看极好，细看全疏阔。古人以利与人而不自居其功，故道义光明。后世儒者行仲舒之论，既无功利，则道义者乃无用之虚语耳。”（叶适《习学记言序目》卷二十三）清人颜元更将董仲舒的话改为：“正其谊以谋其利，明其道而计其功。”（颜元《颜元集·四书正误》卷一）主张义利并行、并重。

由此，儒家进一步产生了义在利中、广利以存义的思想。

如明人陈第的《义利辨》就说："义即在利之中，道理即在货财之中。""若以货财为利而不言，则天子不问国课，庶人不理家业，文臣不核赋税，武吏不稽兵食，是乱天下也，如之何而可！且道理岂可空室而无所着乎！"这就把治国兴利当成了第一要务。这可能也受到了墨家思想的影响。墨子主张"兴天下之利"，而且强调"义，利也"。

义利之辨及其施用甚为复杂，很容易使人偏于义或偏于利，若施之于治国行政，义利偏致都有问题。大概正是看到义利之辨会产生这样的结果，所以老子提出了"绝仁弃义""绝巧弃利"这样的主张。但我们要说，老子的这种虚无主义也是不行的，正确的态度应该是义利结合统一。儒学史上陈亮、王夫之等思想家对此做出了不同程度的理论贡献，值得我们认真借鉴。但也只不过是说义利应该统一，能够统一，至于义利如何统一最有效、最合理，如何施之于实践，那还需要结合时代背景做出艰苦的研究和探索。但是应该指出的是，儒家的义利之辨作为一种价值意义上的行为选择模式，他们的种种探索和思考，对于我们今天仍然具有不容忽视的历史价值与现实意义。

三、中庸之德

长期以来，"中庸"被视为国人的一种普遍的传统负面性格特征和处世方式。其实，这种"中庸"并不符合儒家伦理中"中庸之德"的真精神。我们一般都觉得奉行中庸的人是明哲保身之辈，他们有滑头主义、折中主义、好人主义、保守主义、平庸主义之嫌。这种人似乎是最能变通的了，没有什么原则性。其实不然，如果追本溯源，我们就会发现，思想家们对“中庸”的理解随时代而有不同，与“中庸”之原义本义颇有差异。从根本上说，中庸本身就是一种行为选择的标准，而不是无原则性。中庸最初与政治上的集中统一相关，后来才引申出“无过与不及”的伦理美德，这种美德又具体表现为依礼而行，最后被提升为一种很高的人生境界。

1．中庸之为“德”：无过无不及

何谓“中庸”？中庸就是用中。庸的古义是用，用中，就是运用“中道”。“中”与“两端”相对，不偏向于任一端，两端即“过”与“不及”，因而“中道”即“无过无不及”。过与不及表示超过了或没达到某种标准，“中”就是指这个标准。它最初被运用于政治上，而非伦理道德上，后者的意义是从前者引申而来的。

政治意义上的“用中”要从“中”字的本义来看。“中”字的本义是表示氏族社会的一种徽帜，此帜的用途是：遇大事则立之于旷地，以聚四方之民，故可引申为中间、中央、内部诸义。“用中”即在政治上施用立中之法，其目的是获得民众的支持与拥戴。《论语·尧曰》载尧对舜的告诫，希望他“允执其中”以受命治民，《尚书·仲虺之诰》讲王“建中于民”。“中”而可执可建，大概可见“中”字原义的影子。尧舜之时正是父系氏族时代，“建中”能聚民表示民众对统治权威的服从，而“中”

则表示这统治权的合法性，执中则表示牢牢把握这种统治权以及统治的合法性。随后“中”之义有了抽象引申，可以代表一般统治原则而不必真的立一面旗于空地。如《尚书·盘庚中》称：“各设中于乃心。”中可设于心而不必立于地，就表示聚民之旗可以象征着治权与原则。因为“设中”是要聚四方之民，故不可偏于某一方之民，而必立于正中央，于是“中”或“中道”就引申为“不偏不倚”的原则了。《尚书·洪范》“皇建其有极”的极就是中道，表现为“无偏无陂，遵王之意。……无偏无党，王道荡荡。……”这种中道除了体现在总体上的王道，还体现在具体的国家事务上，如刑罚上“列用中罚”（《尚书·立政》）等等。

春秋之世，王道衰微，周天子的最高统治权旁落，再无法号令四方，也无法真正居“中”行政。这大概正是孔子感叹“中庸之为德也，其至矣乎！民鲜久矣”（《论语·雍也》）的时代背景。“民鲜久矣”的意思是，人们已经很久做不到中庸。这大概正是表示人们已经很久不把周天子视为最高统治者而聚于周人的这个“中央”的周围了。孔子“从周”，他一生的最大理想就是复周礼以消除混乱的社会秩序，重新回到拥立一个中央的时代，所以他非常推崇中庸。不过，尤其重要而明智的是，孔子并没有把复周礼的重任放在周天子身上，而是寄托于天下人身上，于是中庸也就从政治统治义转向了一般民众都具有的伦理道德观念与行为了。遵从中庸就是君子，不遵从就是小人，由此开创了儒家伦理道德意义上的“中庸之德”。

孔子的中庸之德首重无过与不及之义，这是从中的中间、中央义发展而来的。子贡曾经问及孔子怎么评价自己的两个学生师（子张）和商（子夏）的为人，孔子说子张做事总有点过而子夏则总有些做得不够。子贡就说，看来子张比子夏要强些。孔子说，“过犹不及”，就是说两者都不好。这意味着最好是无过无不及，既不是太过，也不是不够，而是要恰到好处，用我们现在的话来讲，就是要“适度”。

2．中庸之为“礼”：依礼而行

儒家的这种无过无不及的思想往往给人一种凡事折中的印象，很像是在劝架时各打五十大板，而不是真正去分清是非曲直，这种讲理的方式叫“情理”。这种情理式的中庸确实普遍存在于国人的心理性格之中，也确实能造成一种看似和谐的人际关系，但是这种无原则的和谐是孔子所不认同的。在孔子那里，过与不及是以某种标准、原则的存在为前提的，没有某种标准、原则，就谈不上过或不及。凡事有个“度”，而“中”就表示这个度，过与不及都是针对“中”而言的。这个“中”是指已有的标准与原则，而不是临时根据两端的情况见风使舵地折中。

具体而言，在孔子那里，这个“中”或标准、原则主要指“礼”，因而中庸之道就是依礼而行。《礼记·仲尼燕居》也记载了孔子对弟子子张与子夏“过与不及”的评论，而且与《论语》中的评价相比，更详细具体地指出了“过与不及”的标准是“礼”。孔子在这段评论中说：“礼乎礼，夫礼所以制中也。”意思是说，要使行为适当就要靠礼来约束，遵从礼的规定。孔子谈过这么一段关于美德与礼的关系的话："恭而无礼则劳，慎而无礼则葸，勇而无礼则乱，直而无礼则绞。"（《论语·泰伯》）意思是待人恭敬却不知礼，就会劳倦不堪；为人谨慎却不知礼，就会畏缩怯懦；行为勇敢却不知礼，就会盲动闯祸；心直口快却不知礼，就会尖酸刻薄。"恭""慎""勇""直"都是美德，与之相对的傲慢、鲁莽、懦弱、虚伪，当然都是一些不良的德行，在德性修养上属于"过"或"不及"。如果美德没有节制，运用得过了头，就会变成缺点，就不是美德了。就如"恭"和"直"吧，为人谦恭是一种美德，但是如果不分场合，对该恭敬对待的人过度恭敬，对不必恭敬对待的人也恭恭敬敬，那活着也太累了。心直口快是一种美德，但如果不分场合不分对象，往往容易刺伤别人。比如，如果要指出长辈的过错，就应该委婉地指出，注意用语和口气，而不能心直口快想什么就说什么，那是对长辈的不尊敬，会伤害到他们。孔子还曾提到"欲而不贪""泰而不骄""威而不猛"等等，都是在强调言行、德性的"度"，这个"度"都可以通过以"礼"节制之来实现，从而使人的行为选择、德性修养无不适中得当。

可见，中庸有遵礼而行之义。在儒家看来，人们的行为选择能够遵礼而行，就会无过无不及，因而表现为"中"。"不知礼，无以立"，礼是社会认同的共同行为规范；"礼之用，和为贵"，礼所要达到的效果就是引导人际和谐。因而，遵礼而行意义上的中庸之德，乃是人立足于这个社会与他人和谐交往的准则。它决不是教人无原则地妥协或讨好于人，决不是教人做"好好先生"以此来换得一团和气，这是真儒所讨厌和痛恨的，这是"乡愿”所为。孔子斥责“乡愿”为伪君子，是“德之贼”。

3．中庸之为“道”：“致中和”之境

据《史记》记载，先秦儒家经典著作《中庸》是孔子的孙子子思所作。孔子以“中庸”之德为至德，子思作《中庸》发挥了孔子的这一重要思想。《中庸》首章云：“喜怒哀乐之未发，谓之中；发而皆中节，谓之和。中也者，天下之大本也；和也者，天下之达道也。致中和，天地位焉，万物育焉。”意思是：喜怒哀乐还没有表现出来的时候，叫做“中”；表现出来之后都能符合礼节，叫做“和”。“中”，是每个人都拥有的内在本性或天性；“和”，是每个人都应该遵循的原则。如果达到了中和的境界，天地便秩序井然，万物便生生不息。从这里可以看到，子思并没有把“庸”理解为与“中”相并列的某种德性或道理，而是与传统一样，以“中庸”为“用中”，即运用“中道”。运用“中道”就是发挥人的本性，并使之合乎礼节等原则，这就是“致中和”。于是，子思从孔子无过无不及以遵礼行事这一意义上的中庸，反溯到了人的本性，从而使中庸具有了道德上的哲学意义。又由于人的本性有天命上的来源，于是“致中和”意义上的中庸就成了天地之间的大境界。子思立论高远，把中庸的天命来源与哲学意义提纲挈领地做了勾画，这一思路后来被宋儒继承和发挥了。

除了发挥“中”的哲学意义，宋儒还大力发挥了一通“庸”的哲学意义。程颐说：“不偏之谓中，不易之谓庸。中者，天下之正道；庸者，天下之定理。”朱熹说：“中庸者，不偏不倚，

无过无不及，而平常之理，乃天命所当然，精微之极致也。”这样，就把“中道”说成是不可变易的“天理”“定理”或“日用平常之理”了。从而把中庸之道作了“极高明”化处理。而这种处理渐渐地把“遵礼而行”意义上的中庸引向了对心性、性情的哲学论说和高明的心性修养上来，从而与现实的社会人生实践越来越远了。这正是对子思“致中和”之境这一意义上的中庸之道的进一步发挥。

当代中国著名哲学家冯友兰先生曾以“极高明而道中庸”作为中国传统哲学的基本精神。他对于“中庸”基本不管“中”而只管“庸”，对于“庸”亦只作“平常”解，而这“平常”乃日常生活，不是如朱熹那样作“平常之理”解，这样就把“中庸”从宋儒的“理”世界拉回到了日常的现实世界中来。在宋儒那里，“中庸”本身被视为一个“极高明”的境界，而在冯友兰这里“中庸”本身不是“极高明”的境界，但它能包容极高明的境界，也就是说有极高明境界的人，同样生活在极为平常的日常生活当中，这与禅境颇相通。就“极高明”而言，宋儒指的是“心性修养”方面，而冯友兰侧重的是由高觉解而带来的人生高境界。道中庸不一定极高明，但极高明必定道中庸。

概言之，中庸在日常生活中有时被理解为国人颇带负面意义的一种性格特征，而在根本意义上，它本身就是一种行为选择的标准和原则，它强调的是行为的“适度”，而不是无原则的。在儒家这里，“中庸”“适度”又总是与某种真正的美德、礼的精神或人生境界相联系的。

四、经权之间

在实际生活中，人们在做行为选择时，常常会出现这样一种特殊情境：遵循了某一原则的要求，又会违背另一原则的要求，这就形成了行为选择的冲突。这是人作为社会成员所担负的社会角色的多重性所导致的。每一种社会角色都有其特定的角色期待，特定的责任与义务。在某种特定的情境下，同一个人所要履行的不同角色与义务就可能发生冲突，在中国传统社会比较典型的例子是“忠孝不能两全”的冲突，对于这样的冲突，儒家曾经做过深入的思考与探讨，并且形成了“经权”说。

经权说是儒家关于如何处理原则性与灵活性之间的关系的哲学学说，经就是指常理、常规和原则性，权是指特殊情形下的变通和灵活性。在某些特殊的伦理情境下，当某种行为与某种伦理原则发生冲突时，我们应该采取什么样的态度和行为？是教条式地固守原则，还是变通处之？这是儒家伦理意义上的经权观要考虑的主要问题。儒家伦理很重视对伦理原则的遵守，但同时又注重对原则的权变，并且由此发挥出了一套经权理论，这一点是难能可贵的。这表明儒家有面对活泼而复杂的现实生活的理论勇气。

1. 反经合道，然后有善

有个叫淳于髡的人曾经拿一种情形故意为难孟子，他这样问道：“男女之间授受不亲，不亲手递接东西，这是不是礼制规定？”孟子回答：“是。”又问：“那么如果嫂嫂掉到水里了，要不要用手去拉她呢？”孟子说：“如果嫂嫂掉到水里了，不去拉她，简直是畜生。男女之间不亲手递接东西，这是常礼；嫂嫂掉到水里了，用手去拉她，这是变通的办法。”这里的“变通”，孟子用的就是“权”字。孟子认为，男女不能牵手，这是礼制规定，是经；而嫂子掉到水里了用手去拉，这是对礼的变通，是权。不得不说淳于髡的问题是极富挑战性的，他所设置的情景其实就是一种伦理困境。当我们遵守某种伦理规则，会出现某种严重恶劣的后果时，我们是遵守，还是不遵守？孟子在这里谈的“礼”与“权”的关系，实质上也就是“经”与“权”的关系问题。因为“礼”是“经”的一种表现或内容。

真正的“经”与“权”对称，盖始于《春秋·公羊传》。其云：“权者何？权者反于经，然后有善者也。权之所设，舍死亡无所设；行权有道，自贬损以行权，不害人以行权。杀人以自生，亡人以自存，君子不为也。”这是说，权虽然与经相反，但它并不是出于某种恶的目的，而是为了实现某种善。这是汉代“反经合道”说的理论先声。汉韩婴说：“夫道二，常之谓经，变之谓权。”（《韩诗外传》）道有两种情形，有常道，有变道，经是常道，权是变道。也就是说，经是恒常不变的道，权是变化情形之中的道。所以，权也是道。

“经”是常理、常道，“权”意味着对常理、常道在某种程度上的违背。在中国的传统思想观念中，特别强调对于常理、常道的遵循。但是，在某些特殊情形下，尤其是生死存亡的关头，对常理、常道有可能就要变通，否则会造成恶劣的后果，而如果变通以处之，则会实现某种程度的善。比如上文提到的孟子对于淳于髡所提问题的回答，如果嫂子溺水而不出手相救，那是不人道和不通情理的，嫂子有可能溺亡，这是非常恶劣的后果，是生死存亡的关头，是可以行权的，即所谓“权之所设，舍死亡无所设”。也就是说，行权是要在特别危险的情形下才可以，不是任何时候都要行权的。而且“行权有道”，不能通过伤害他人的方式来行权，可以在一定程度上伤害到自己。如果伤害他人了，那就带来了恶，而权的目的本来是为了达到更好的善。比如在嫂溺事中，是为了避免嫂子溺亡，能救得嫂子的生命，这就是善的目的，就是行权的必要性所在。权，尽管违背了经的要求，但这是合乎人道和通情理的。所以说，“权”尽管“反经”但还是“合道”的。所以，成书于南北朝时期的《刘子》对经权关系作了这样一种清晰的概括：“权者，反于经合于道。”真正的权虽然违背了经，但一定要合于道。

汉代大儒董仲舒则进一步指出：“夫权虽反经，亦必在可以然之域。不在可以然之域，故虽死亡，终弗为也。”（董仲舒《春秋繁露·玉英篇》）“可以然”就是合理合道的意思，真正的“权”是合理合道的。既然有合理合道的“权”，则必然有不合理不合道的“权”。所谓“不在可以然之域”，即不合理不合道。不合理不合道，就不宜行权道。所以，在儒家这里“行权”是有具体要求的，儒家赞成的是“合道”的权，对于“不合道”的权是坚决反对的。也就是说，儒家主张的是权变，而不是权术、权谋之术。

与儒家相对，法家有自己典型的权术、权势、权谋之类的观念。而这些观念在儒家看来是“不合道”的？因为儒家所谓“道”是指正确的伦理原则，如礼义之类，“合道”就是合乎儒家的这些伦理原则。而法家行权虽然与其重功利的原则相符合，但与儒家的礼义原则往往冲突，所以为儒家所不取。荀子说：“人君者，隆礼尊贤而王，重法爱民而霸，好利多诈而危，权谋倾覆幽险而亡。”（《荀子·强国》）又说：“故用国者，义立而王，信立而霸，权谋立而亡。”（《荀子·王霸》）在儒家看来，运用不讲礼义原则的权谋、权术之类阴谋诡计是很危险的。因为它会败坏人心，使人不讲道德。

可见，儒家“反经合道”说中的“权”，其所反之经是某种具体的原则，而其所合之道又是另外一种原则，或超越于具体原则之上的更一般的原则。这所合之“道”又何尝不是“经”？所以，权的灵活性并不是毫无原则的，它反此经而合彼经，总是应该与某种程度或意义上的经相合或相统一的。

2. “权即是经”与“常则守经，变则行权”

“反经合道”的经权观是儒家在宋以前占主导地位的一种经权观。到两宋时期，程朱理学家们开始极力反对和攻击此说。他们最担心的是人们以“反经合道”为借口，肆意破坏礼法规范。于是宋代理学家程颐开始提倡“权即是经”之说。

程颐说：“汉儒以反经合道为权，故有权变权术之论，皆非也，权只是经。”（朱熹《论语集注·子罕》引）又说：“权量轻重，使之合义，才合义，便是经也。”（《河南程氏遗书》

卷十八）其实程颐对“反经合道”说有误解，他只看到“反经”的否定性意义，却没看到“合道”的肯定性意义。他讲权“才合义”“便是经”，这“合义”与“合道”又何异？他认为“反经合道”导致了很不好的权变权术之论，这显然没有对两种“权道”作出区分，权变是儒家意义上的真权道，而权术法家的假权道。假权道才与儒家伦理原则相冲突，真权道能丰富儒家伦理原则的内涵。大概是为了否定假权道，结果却连真权道也一并否定了，以至于提出了“权即是经”之说，把权与经同一起来。在程颐看来，既然“反经”，又如何能“合道”呢？既然合道，那么就应该与经无异，也就是有其当然之理。当经而经，当权而权，都是当然之理，都是经。可见“权即是经”说，实际上并没有给权以空间，倒是更加强了“经”的力量，而削弱了“权”的作用和意义。

虽然同为理学阵营，但朱熹还是批评了程颐的“权即是经”之说。他认为权与经必须要分辨开来。就像孟子所答嫂溺援手，其中的经与权显然是不能同一。经是常，权是变。经是万世常行之道，权是不得已而用之。权也必须合义，但也不能经常运用，如果常用权道，那这个世界就会乱套了。其所谓“常行之道”实指“三纲五常”之类“根本大法”，其所谓权乃是因为那常理有不合用的时候，所以不得已才用通变的权道。从权亦合义来看，它也是合经的，权只是经之变。但如果认为“权即是经”，那是把“经”字看得太重、太偏了，而必将失去孟子所承认的“权”的观念。可是，没有了权的观念，经也就固化了。所以朱熹认为还是要有权的观念，权与经岂容无辨，要区分经与权。

他说：“常则守经，变则行权。”（《朱子语类》卷三十七）他说，权就是“那常理行不得处，不得已而有所通变的道理”（《朱子语类》卷三十七）。朱熹的弟子陈淳进一步发挥了师说：“经与权相对，经是日用常行道理，权也是正当道理，但非可以常行，与日用常行底异。公羊谓‘反经而合道’，说误了。既是反经，焉能合道？权只是济经之所不及者也。”（《北溪字义》）

程朱提出经权新说，都是为了反对汉代的“反经合道”说。可是又都走偏了，程颐的“权即是经”说，看上去想弥补“反经合道”说中经与权之间的矛盾和冲突，但是因为片面强调经与权之间相成的一面，从而大大削弱了“权”存在的意义和价值。而朱熹的“常则守经，变则行权”说，看上去重新肯定了经与权之间的不同，但是从根本上来说，经是正当道理，权也是正当道理，权不是反经的，而是济经之所不及而已，所以经与权并无性质之别，没有根本的冲突。

3. 经权关系，对立统一

上文提到，经权关系往往发生在特殊的伦理困境中。伦理困境就是让人难以选择的境地，选择这也不是，选择那也不是，动辄得咎。经就是原则，权就是变通。坚持原则重要，变通同样重要。坚持原则不易，变通也是不易。变通不但需要高尚的德性，还需要高超的智慧。孔子说：“可与共学，未可与适道；可与适道，未可与立；可与立，未可与权。”（《论语·子罕》）意思是：可以一起学习，未必能一起把握到道；可以一起把握到道，未必能一起坚守此道；可以一起坚守此道，未必能一起通权达变。这里的道可以说就是需要人坚守的“经”，而比坚守某种道更高的境界是“行权”。可见，“行权”是一种更高的境界。懂得了某些道理和原则，还必须要善于运用这些道理和原则，而最能考验人对于道德和原则的运用水平的，就是在某些特殊情形下，在某些具体的道德困境中，在具体的诸原则之间产生了矛盾和冲突时，如何看待和解决这些矛盾冲突并选择合理的行为。

孔子对于伯夷、叔齐、柳下惠等志行高洁之士的行为有些不以为然，在他看来这些人都太执着于某一原则。孔子认为自己与他们不同，是“无可无不可”（《论语·微子》）。也就是说，事情之能行与否，全凭具体条件情形而定，没有一定可行之事，也没有一定不可行之事。这就不仅仅是考虑在某些特殊情形下的“权”的问题，在任何具体情形下也都有一个“权”的问题，这里有一点“具体问题具体分析”的认识论和方法论的意思。在先秦儒家那里，儒家伦理的大本大纲在某些具体情形下无不存在权变的可能。

比如，“仁”是孔子的核心思想，是儒家最根本的伦理道德原则。仁者爱人、恻隐之心是仁的核心内涵，其最终目的在于造就人际的和谐，建构一个温情的世界。然而若以此为经而不变通，就不应该有战争之事。但我们知道先秦儒家并不一味反对战争。孟子还主张“得道多助”的正义战争将“战必胜”。在历史的某些时代，战争确是带来和平的有效手段，这样的战争叫义战或正义战争。若不顾具体的实际情形，一味简单地坚守仁义之道，极有可能受到致命的打击，也就谈不上最终实现仁义之道了。徐偃王大施仁政，不修武备，终以仁义失国；宋襄公以仁义之心，不鼓不成列、不乘人之危，终于一蹶不振。这些都是守仁义之经而不知权变的后果。所以，经与权必定有不同甚至相冲突的特征，但是，如果把两者割裂，同样把握不到两者的精义。

明代的高拱曾经用秤与锤为喻说明经权的关系，颇为恰当。他说："夫权者何也？秤锤也。秤之为物，有衡有权。衡也者，为铢、为两、为斤、为钧、为石，其体无弗具也，然不能自为用也。权也者，铢则为之铢，两则为之两，斤则为之斤，钧者为之钧，石则为之石，往来取中，至于千亿而不穷其用，无弗周也。然必有衡而后可用也。故谓衡即是权、权即是衡，不可也。然使衡离于权，权离于衡，亦不可也。盖衡以权为用，权非用于衡，无所用之；分之则二物，而合之则一事也。"（《问辨录》卷六）这个比喻很精当，比较充分地揭示了经与权的对立统一关系。

权的本义就是秤锤，经如同秤杆。权要权量具体某物的轻重时，没有秤杆是不行的。有了秤锤和秤杆还不行，还要事先在秤杆上定出表示重量的刻度来，否则我们还是不会知道被称量的那个事物的重量。这一具体的被称量的事物就相当于我们所处的具体情形，所遇到的具体问题；秤杆相当于总原则，而秤杆上的星子刻度就相当于一些具体的原则；称量一个具体事物的重量，就相当于要解决一个具体问题；秤锤在秤杆上移来移去，为这个具体事物找一个最适当的重量刻度来，就相当于根据某个最合适的原则来解决某个具体的问题。所以，经和权既不相同，说经即是权，权即是经，都是错误的。经和权又不能相离，就如同秤杆和秤锤不能分开来使用一样。分开来是两个物，合起来又是一物。

可见，真正的经权关系是一种辩证的关系，经与权之间是对立统一的。正确把握了经与权的关系，有助于我们处理现实生活中的种种复杂的问题和冲突。经权关系中，尤其要突出“权”的意义。孟子是反对“执中无权”的，他认为“执中无权，犹执一也”（《孟子·尽心上》）。“执一”就使人“举一而废百”，无法应对复杂的现实生活。淳于髡对孟子嫂溺援手的问难，实际就是执“礼”而无权，后果是很严重的。可见，经权关系中颇有“具体问题具体分析”的思想因素，既要讲原则性，又要讲灵活性。这对于我们认识和把握世界，颇有方法论的意义。

成人之道

儒家文化大众读本

传统与现代

传统是历史的积淀，但并非历史本身。真正的传统不会因某个具体历史时期的终结而终结，它会依然以某种方式得以传承。不管你是自觉还是不自觉，不管你的立场是守传统还是反传统，可以说，每个人都是传统的载体。因为传统之为传统，就在于它内化、渗透进了每一个社会成员的心灵深处，是构成一个民族所特有的文化心理结构的重要因素，是每一个个体和民族都无法回避和摆脱的。

民族传统是一种历史经验，虽然其中有不少不可避免地打上了深刻的历史烙印，成为一种过时的保守的力量，但其中的精华部分所构成的民族优良传统，却往往能超越历史时空的界限，成为一种新文明的积累。它凝结着一个民族的智慧和力量，是一个民族迎接新的时代挑战的历史前提和内在动力。它能够唤起全体人民的历史责任感和民族使命感，激励全民族在新的历史条件下不断前进。现代社会如果离开了对本民族优良传统的继承和弘扬，就会失去历史的根据，脱离民族精神的依托。每一个民族在走向新的社会阶段时，都有一个如何对待传统文化的问题。比如，西方在走向近代的开端，就是以希腊、罗马古文化的复兴为旗帜的。

一个民族的传统伦理道德文化又是构成该民族整个传统文化的核心部分，也是该民族传统文化的主要载体，因为任何一个民族的传统文化得以传承和延续的力量和原因，都不是以强制性的法律为前提的，而是对一定道德观念社会认同的结果。所以一个民族在走向现代的过程中，必须正确对待本民族的传统伦理道德文化。我国传统伦理道德文化的主体是儒家传统，所以我们有必要发掘儒家优良的伦理道德传统，以更好地促进我国实现现代化。

一、儒家伦理与民族精神

民族精神是一个民族群体意识和行为所显现出来的精神风貌或精神特征，它也是一个价值系统。它使本民族群体在延续过程中不断得到认同、丰富和发展。千百年来，中华民族逐渐形成了以爱国主义为核心的团结统一、爱好和平、勤劳勇敢、自强不息的伟大民族精神。这种民族精神是促进我国走向现代的一股强大力量。而这种民族精神的培育是与儒家伦理密切相关的。

1．热爱祖国，甘于奉献

爱国主义是千百年来固定下来的人们对自己祖国的一种最深厚的情感和甘愿为祖国的团结统一、繁荣富强而献身的精神。这种情感与精神不是一朝一夕就能培养起来的，它要经过历史的积淀和世代的传承才能在个人心中扎根。中华民族的爱国主义精神主要是通过扎根于儒家伦理所提供的情感与道德的土壤中，经过长期的积淀而培育成长起来的。

我国传统社会是一个家族伦理型的社会，它以长期而稳定的农耕文明为前提条件，在这种条件下形成起来的国家与家族深具同构性，家国一体。儒家伦理的产生及其主要内容，比如重视自然的血缘亲情之爱，重视家国观念，重视“老吾老以及人之老，幼吾幼以及人之幼”式的“推恩”等等，都是与此相应的。由对亲人、家族的爱推展开来的对祖国的爱，又经过世世代代的积累，能不深切、浓烈而厚重吗？

儒家伦理认为，所有的爱都源于对父母双亲的爱，对其他人以及其他事物的爱都是由此生发开来的。对祖国的情感虽然不是人的一种自然情感，却是缘于人的自然情感的。因为这片土地是自己的亲人以及自己的祖祖辈辈繁衍、生长和生活的地方，所以我们把它称之为“祖国”。这一个“祖”字里包含着丰富的情感内涵。儒家重视祭祀祖先，但未必承认神灵的存在，因而祭祀祖先主要是为了表达对祖先的纪念和满足自己的宗族情感。于是对父母双亲的爱很容易通过纵向的血缘亲情的关系推之于对已经故去的祖先的爱。同时，这种爱又通过横向的社会交往关系推之于对与自己共同生活在这片土地上的其他人的爱。

大概越是远离祖国的人，越是能更真切地体会到对祖国的那份爱。一些将要漂泊海外的游子，总要随身带上一把故乡的泥土，因为这把泥土可以寄托游子对故土的深切眷恋之情。也正是这种眷恋之情，使得西汉使臣苏武能忍受被拘留于匈奴 19 年的饮雪吞毡食野菜的艰苦生活，最终回到祖国的怀抱；正是这种眷恋之情，使得东汉才女蔡文姬能忍受骨肉分离的剧痛而毅然回到她魂牵梦绕的祖国。

儒家十分看重人和社会的关系，它把人的社会本质，规定为人的道德性，形成了以整体主义、群体主义为原则的道德价值体系。整个儒家的伦理道德思想就是围绕这个原则而展开的，这种整体主义、群体主义道德原则在利益形式上就是强调社会整体利益，宣扬国家民族利益至上。所以儒家文化重入世而乐生，这是与佛教的出世超生、道家的避世全生不相同的。它对世界、对人生都给予了高度的肯定，认为人的幸福与完善不在天国，不在世外桃源，而在现实社会。个人的生活幸福，人类的本质完善都与社会有着密切的关系。因此，维护社会稳定与发展、促进社会完善，就成为儒家极为重视的道德义务。诚意正心，修身齐家，不止是为了个人的幸福，更是为了治国平天下，为万世开太平。而这又是个人价值得以实现、个人道德得以完善的必由之路。

这种价值观由于儒家的倡导和儒家文化的传播与影响而不断得到强化。所谓“博施于民而能济众”“国而忘家，公而忘私”等等，其所强调的就是个人要将自己的活动与国家需要融为一体，在必要时，为了国家和民族的利益要敢于杀身成仁，舍生取义，义无反顾地承担起“平治天下”“泽加于民”的社会责任。这种奉献国家和民族的价值要求被无数中华儿女内化成为了个人的自觉行为，所谓“乐以天下，忧以天下”“天下兴亡，匹夫有责”“为官一任，造福一方”，所谓“位卑未敢忘忧国”“家事国事天下事，事事关心”等等，无不深刻地体现着个人对国家和民族利益的强烈关注和自觉维护，这是爱国主义精神的集中体现。

没有这种精神，战国楚大夫屈原应该就不会自沉汨罗江了；没有这种精神，西汉武帝时的少将军霍去病就不会喊出“匈奴不灭，无以家为”这样的豪言壮语来；没有这种精神，南宋抗金名将岳飞就不会以母亲在他背上所刻“精忠报国”四个字为毕生的信条了。

当然，传统的爱国主义思想中也有一些与现代价值不相应的内容。比如，以“忠君”代替“爱国”，这是封建君主专制下的产物，在现代社会，爱国不能等同于对个人的忠诚。又如，打着“爱国”的旗号，行狭隘的民族主义之实，置国家民族整体利益于不顾，激化中华民族内部和与国家之间的矛盾等等。由此，我们应该充分意识到，传统旧式的爱国主义有它的狭隘性和局限性。

岳飞塑像

有人认为，全球化时代需要否定爱国主义，注重个性的现代社会也不需要爱国主义，这显然是因为没有认识到我们在上文所谈到的爱国主义以及人的完善等的本质内涵。在现代社会主义条件下，新型爱国主义通过消除旧式爱国主义的种种弊端，必将成为一种更加普遍的道德要求。

我们有着悠久的爱国主义传统，在长期的历史发展中，它凝结成了我们民族精神的核心，是各族人民共同生活的精神纽带，是中华民族生存发展的精神支柱，是推动我们民族和国家不断进步的伟大的精神力量。围绕着爱国主义精神，我们民族还形成了团结统一、爱好和平、勤劳勇敢、自强不息的民族精神。它们都或直接或间接地与爱国主义精神息息相关，是爱国主义精神的体现或延伸。

2．团结统一，爱好和平

儒家伦理历来重视“团结统一”。儒家讲“亲亲、仁民、爱物”，讲“四海之内皆兄弟”，即亲爱自己的亲人，关爱老百姓和爱惜一切物，最后达到一个“民胞物与”的宇宙境界。“民胞物与”是宋儒张载提出的一个观念，意思是天下之民都是我的同胞兄弟姐妹，天下万物都是我的朋友。“团结统一”的润滑剂就是“仁爱”，“仁爱”使得中华民族团结统一更加富于情感的力量而更加稳固。

倡导国家和社会在各方面的“大一统”是儒家伦理的根本精神之一，维护统一，反对分裂，是中华各民族共同的心声。

秦始皇缔造了一个多民族统一的大帝国后，多民族国家的统一就成了中国历史的大势。汉代奉《春秋公羊传》为经典的儒家学说力倡“大一统”的思想，使之成为中华民族共同的文化心理和价值取向。这种“大一统”的观念，不仅适应了中央集权制的需要，也有助于国家的统一和民族的融合。历代统治者都

秦始皇

把统一中国作为政治目标，而广大人民群众基于渴望安定和平的生活，也习惯把“统一”看作“治世”，把“分裂”看成是“乱世”，形成了一种共同的文化心理。这是中华民族大家庭能长期绵延不绝的一个重要因素。尽管历史上有时出现过分裂的因素，但最终总是统一的力量占上风。

中华民族素以热情好客、睦邻友好、谦恭有礼著称于世，这是一种和平的性格特征。这一性格特征与儒家的仁爱精神和礼仪精神分不开。仁爱，故与人为善；遵礼，故人际和谐。

中国人爱好和平，反对战争，因为中国人深爱着他们脚下的这片热土和共同生长生活的同胞们。和平稳定是国家长治久

安的基本前提，战乱频仍是国家衰败、民生凋敝的根芽。尽管在国家和民族的生死存亡关头不能不面对战争，但这个战争是暂时的，其目的只是为了结束战争，实现和平，为国家的进步和发展创造一个良好的环境。所以说，爱好和平也是爱国主义的一种体现。

儒家伦理文化是一种爱好和平的伦理文化，虽然它也支持正义的战争，这是因为正义的战争是获得长期和平的手段。孟子曾经考察过天时、地利、人和这三种影响战争结果的要素，并明确主张天时不如地利，地利不如人和，其中“人和”是最重要的，“人和”就是指民心向背。而在孟子看来，民心所向的君主，能统一天下的君主应该是“不嗜杀人者”。也就是说和平的获得从根本上来讲不是靠武力而应该靠德性，武力只是暂时的手段。靠武力服人的，儒家称之为霸道；靠德性服人的，儒家称之为王道。儒家反对霸道，倡行王道，就是主张以人的德性来实现和平发展之路。王道能使百姓自愿归服，能使团结统一与和平发展更加久远。爱好和平是我们中华民族胸怀博大的体现，现代政治上的和平外交政策，传统文化上“和而不同”的理念等等，使得中华民族能够对其他民族和文明多一份理解和包容。

被称为“世纪智者”的罗素就这样评价过中国人对和平的追求：“世界上的‘文明’国家，可能会用他们的碉堡、毒气、炸弹、潜艇以及黑人军队在今后的百年内相互毁灭，而把世界这个大舞台留给那些尽管贫穷而又软弱却由于坚持和平主义而得以生存的民族。假如中国能够免于被驱使进入战争，那么它的压迫者便最终会被自己拖垮，让中国自由地追求符合人道的目标，以取代全部白人国家所热爱的战争、掠夺和破坏。……如果世界上有‘骄傲到不肯打仗’的民族，那么这个民族就是中国。”（《世界名人论中国文化》，湖北人民出版社 1992 年版）20 世纪初，日本学者渡边秀方也指出，世界诸民族中大概再没有中国人那样渴望和平的了，他们几千年的历史毕竟是渴望和平的历史，他们不对别的民族发动战争，他们的战争往往是出于对自己文明的维护。

如果说团结统一主要是民族内部的事，那么爱好和平则主要是民族国家之间的事。内部不团结统一，就无力赢得战争，也无力维护和平。“团结统一”与“爱好和平”，从根本上来说都是出于对祖国深沉的爱。

中华民族是一个多民族的共同体，各民族团结统一起来共同推动着祖国的进步和发展，共同创造了辉煌灿烂的中国文明。当祖国遇到外敌入侵时，各民族团结统一起来共同抵御外侮；当祖国百废待兴之时，各民族团结统一起来共同建设自己的家园；当祖国遭遇重大自然灾害之时，各民族团结统一起来共同抗灾。无论是在民族生死存亡的关头，还是在兴旺发达之际，团结统一精神都为此提供了强大的力量。我国幅员辽阔，人口众多，如果没有一种团结统一、合作互助的精神，恐怕不可能延续几千年而不绝。中国人历来就期望国家统一，反对民族和国土分裂。曾经的四大文明古国，现在只剩下中国依然以未曾断裂过的文明形态自立于当代国际社会。如果没有一种团结统一的精神，这大概是不可能实现的。

3．勤劳勇敢，自强不息

中华民族很早就意识到了勤劳的必要，很早就形成了勤劳的美德观念。中国最早的一部政治文献汇编《尚书》就有一篇专论叫《无逸》，记载的是西周初年周公对成王的告诫。无逸，就是不要贪图享乐。贪图享乐是一种恶德，与之相对应的美德就是勤劳。周公告诫成王“无逸”，其实就是勉励成王要勤政爱民。从此，“勤政爱民”成为了对后世君王和为官者在德性上的一条基本要求，并且还产生了相应的考绩制度以贯彻落实。

勤劳的美德是从中华民族最普通的日常生产生活中形成起来的，但有意识地把它当作一种伦理美德加以概括总结并传播推广，应该是导源于周公对成王的告诫，然后经过孔子儒家的理论建构与教化才成为了普通百姓的一种自觉意识。对于普通百姓而言，勤劳的美德主要体现为“勤俭持家”，包括积极的日常劳作和对劳动成果的珍惜态度，历朝历代的《家训》《家规》无不把这一条视为治家之本。于是作为治国之本的勤劳美德，化入了千千万万的百姓人家，成为了治家之本。又经过中国人千百年来的日常实践和世世代代的历史积淀，终于使这一美德演变成了一种强大的民族精神。无论你是君王、居官为政者，还是平民百姓，勤劳都是值得赞美的，好逸恶劳都是要遭到谴责和鄙弃的。这种意识是搞好国家建设和实现社会稳定的一种强大的道德和精神的力量。在当前中国社会现代化建设中，勤劳依然是一种重要的道德精神力量，它使每个人安心于自己的本职工作，为国家和社会贡献自己应有的力量。

再看勇敢。勇敢首先是人在面临危难时所表现出来的一种强大的意志力量和一往无前的行为。它产生于原始先民战天斗地，与自然抗争的实践活动。儒家伦理对勇敢的品德作了概括和改造，使之成为一种可适用于各个领域的民族精神。儒家把“勇”纳入“仁智勇”三达德。孔子所谓“勇者不惧”（《论语·子罕》），是对勇敢这一美德最基本内涵的概括。但是，一方面如果不对它作出进一步的限定，它往往会变成一种恶德，另一方面仅仅“无所畏惧”又是不够的。所以，孔子还强调要用“礼”来规定“勇”，因为“勇而无礼则乱”（《论语·泰伯》），这是说如果一味地勇敢而不守礼节就会容易闯祸。这实际上是对勇作了理智上的限定，是对从原始社会中产生的自然反应意义上的勇敢作了人文社会意义上的改铸。在现实生活中要成就大业，只有勇还不够，还必须有谋，于是儒家伦理又为勇附加上了理智的内涵，从而把勇改造成一种有智慧的勇。所以孔子告诫子路要“临事而惧，好谋而成”（《论语·述而》），不要鲁莽。这就为“勇”又添加了一种“惧”的内涵，体现了对勇敢美德中内在矛盾的洞察，是儒家伦理的深刻之处。因此孟子明确地区分了勇力、勇气、勇德诸层次，而以勇德为贵，主张养充塞于宇宙的至大至刚的“浩然之气”，成“大丈夫”之德等等，这就把恃力之勇、血气之勇升华成了一种正义凛然的道德之勇。作为中华民族精神的勇敢，其中所内含的勇于自省、勇于创新、勇于变革等精神和智慧，都是从这里进一步发展而来的。

勤劳勇敢的精神也是自强不息精神的具体体现之一。因为民族要自强，而自强过程中必将遇到困难而不可能一帆风顺，所以不能懦弱而必须勇敢面对；因为民族要发展下去，而发展是一个无止境的过程，不可能一蹴而就，所以不能怠惰而需要勤奋努力。中华民族之所以能几千年来在这片土地上生生不息，之所以能抵抗住各种外来侵略而依然保持独立自主的地位，是由于背后有一种勤劳勇敢、自强不息、不断进取的精神力量支撑着。

从某种意义上来讲，在个人生存和生活环境以及国际国内形势日趋复杂多变的现代社会，更加需要勤劳勇敢、自强不息的精神。中华民族勤劳勇敢、自强不息的精神曾经激励也将永远激励我们民族奋勇前进。

二、儒家伦理与现代市场经济

无论是从现代中国，还是从现代世界来看，现代社会都是以市场经济为主体的经济运行模式的社会。市场经济有广狭之分，广义的市场经济包括一切通过交换来实现的经济活动，在这个意义上，它相当于商品经济。因此从广义来看，市场经济现象是自古以来就存在的。而狭义的市场经济或作为一种社会经济体制的市场，则是指现代市场经济，即以市场为中心来组织整个国民经济活动，来进行资源配置的一种经济体制。价值规律、竞争机制、效益原则等等，是任何市场经济都必须遵循的。

市场活动的主体是人，市场经济不过是人的活动的一种物化形态，它必然蕴含着一种属人的东西，即蕴含着一种相应的人文精神和价值理性。如果没有这种相应的人文精神和价值理性作为其精神动因、规范因素和定向定位的机制，商品经济是不可能得到长足的发展的，更不可能形成现代市场经济。而伦理精神是人文精神和价值理性的核心之一，这就为我们思考伦理精神与市场经济的关系问题提供了最初的理论基础。

1．亚洲四小龙的启示

德国社会学家、现代社会学的奠基人之一马克斯·韦伯曾出色地思考过新教伦理与资本主义精神及其对资本主义市场经济发展之影响的问题。其《新教伦理与资本主义精神》一书虽然引起的争议颇多，但它的影响相当大。他在此书中提出了这样一个著名的假设：新教伦理在形成资本主义文化精神和伦理价值体系方面起了决定性作用，正是它促进了资本主义商品生产和市场经济的蓬勃发展。韦伯提出的在新教伦理基础上所孕育出来的资本主义精神，集中地表现为“以个人为本位”的文化精神和价值体系。毋庸讳言，这种文化精神和价值体系曾经推动并确定了资本主义的商品生产、市场经济的性质和高速发展。但韦伯由此认为，在缺乏这种文化精神和价值体系的亚洲，资本主义的商品生产，市场经济的发展是不可能的。因此，以群体为本位的儒家伦理也就与现代市场经济是根本对立，难以相容的。

20 世纪 60 年代以来，日本和亚洲“四小龙”（韩国、台湾、香港、新加坡）的经济腾飞现象引起了世界学者的关注。西方学者在震惊于这一基本事实的同时，都清楚地看到支撑和推动着日本及亚洲“四小龙”经济快速发展的并不是韦伯所说的什么新教伦理和以个人为本位的文化价值体系，而是一种与西方资本主义迥然不同的文化精神和价值体系，有人将其称之为“亚洲资本主义精神”或“亚洲价值观”。关于这一精神的内涵界定，有很多种说法，而集体本位或非个人本位是其中影响最大的一种说法。日本本国和欧美学者大多数认为，日本资本主义精神的核心乃是“集团的利益优于个人利益的集团中心主义”，以“对集团忠诚”为中心的对事物的看法和劳资关系，是提高日本企业生产率的源泉。有人干脆指出这种对集团的忠诚就是传统儒家伦理中的“忠”的精神。

实际上，儒家伦理与商品生产、市场经济的结合，不仅在理论上是可能的，而且也是一种客观存在的事实。中国传统儒商的存在就是突出的一例：孔子的学生子贡就是儒商之祖。日本现代企业制度即株式会社的创始人、

子贡

［日］涩泽荣一

《论语与算盘》

日本企业之父、金融之王涩泽荣一更将《论语》奉为“商业圣经”，自觉地把儒家思想尤其是儒家伦理与现代企业，从理论到实践都结合起来，并且结出了丰硕的成果，引领了日本近代经济的发展。他在专著《论语与算盘》一书中认为儒家的义与商业的利并不矛盾，关键是做到“见利思义”。他逝世后，人们为他立了一个一手持《论语》一手拿算盘的铜像。足见儒家伦理对近现代日本经济发展的影响。

凡此种种，都促使我们去认真思考儒家伦理与现代市场经济的关系问题。

总的来讲，儒家伦理与现代市场经济之间的关系是复杂的，必须作出认真和深入的分析。具体说来可把这种关系概括为如下三个方面：一是二者之间的异质冲突，二是二者之间的同构契合，三是二者之间的互补优化。下面我们就来看看这三重关系。

2．异质冲突

儒家伦理并不是基于商品生产或市场经济而形成的，它是在自然经济和宗法等级政治制度的基础上形成和发展起来的。儒家伦理首先是宗法等级关系的伦理反映，它要解决的主要问题是宗法社会的伦常秩序和在这种制度下为人处世的原则和态度。市场经济或商品生产虽然在中国古代社会始终存在，并在某些时期某些地方还比较发达，但它在传统社会中只是小农经济体系的组成部分，市场也是因传统的社会集权政治和小农经济的需要而存在的。市场经济本质上是属于现代社会的，现代市场经济是以工业生产力、科学技术的发展和高度发达的商品经济为基础的。显然，作为中国传统社会正统思想的儒家伦理同被传统经济政治关系所排斥的，本质上属于现代社会的市场经济是属于不同质的社会现象，二者在性质上是异质的，这就决定了二者在总体上必然存在着冲突。这种冲突主要表现在如下几个方面：

首先，二者在价值取向上相背离。儒家伦理重义轻利的价值取向，显然与市场经济求利的目的是相冲突的。中国传统社会对以谋利为目的的经济活动，对商人阶层有一种普遍的鄙薄倾向，商人被列为“四民之末”。传统商人对自己的经商赚钱活动也总是不那么理直气壮。甚至到了近代，我国现代工商业先驱张謇一面主张“棉铁主义”，以状元之身投身实业；另一方面却又认为自己办工商是“以嚼然自待之身，溷秽浊不沦之俗”。这种重义轻利的价值取向无疑压抑了人们从事商品经济的积极性，是不利于市场经济的发展的。

其次，儒家伦理中表现出的一些精神倾向与现代市场经济在精神要求上的相背离，突出地表现在儒家伦理“内敛”与“贵和”的精神倾向上。片面强调自我内在精神和“向内用功”，妨碍了儒家对外在事功的重视；片面强调“和而不争”和“温良恭俭让”的精神心态，限制了人们去积极参与市场竞争，去追求产品的最优化和利润的最大化，从而有碍于现代市场经济的发展。

第三，儒家的理性方式与市场经济的理性要求有很大差异。儒家重心性主体精神之“道”而轻形下经验之“器”，不重实用技术。樊迟要学种庄稼技术，竟被孔子斥为小人。这是一种与工具理性相对的“实质理性”，它缺乏形式化，缺乏对技术的关注。传统儒士只热衷于背诵经典、空谈性命，这与支持现代市场经济发展所需要的“形式理性”有很大差异。此外，儒家重整体综合，轻局部分析，重质轻量的思维方法造成人们对数量关系和精确分析能力的不足，因而缺乏商业经营所必须的对数量关系的敏感和精确的计算意识。

第四，儒家的“德治”思想与现代市场经济的“法治”要求也存在着冲突。市场经济作为一种社会交换经济，它客观上需要一个可靠的法律制度和按照法规办事的行政机关来加以规范和保护。显然，儒家重德治、重情理而不重形式化的法律制度是不能适应现代市场经济发展的这种要求的。

总之，儒家伦理与现代市场经济的异质性，决定了两者必然存在着冲突。我们在建构社会主义市场经济过程中，必须充分意识到儒家伦理的那些消极影响，比如人情大于法律、关系经济、竞争意识淡薄等等，并自觉遏制和克服这些负面因素以保障现代市场经济的顺利运行。

3．同构契合

儒家伦理与现代市场经济的冲突只是两者关系的一个方面。尽管这一方面是主要的，但我们又应该看到，儒家伦理与现代市场经济还有不少存在着同构而可以契合的因素。

首先，儒家提倡的互助交往精神与市场经济的互利交换原则是可以相互融通的。不论儒家伦理还是现代市场经济都是以人与人之间相互依存的观念为前提的，就这方面而言，两者是可以融通的。在现代市场经济条件下，一方面儒家“礼尚往来”的交往思想可以培养人们交换意识的形成，促成交换行为的发生；另一方面，儒家推己及人、爱己达人的互助原则，有利于培养和形成人们遵循商品交换的互利原则和等价交换原则的自觉性，规范人们的交换行为，保障市场交换的正常运行。

其次，儒家伦理注重规范与秩序的意识与现代市场经济对规范与秩序的客观要求也是有其一致性的。尽管从具体内容而言，儒家的“礼”的规范与秩序同市场经济所要求的规范与秩序完全不同，但其中注重规范与秩序的意识却是可以相通的。通过扬弃，它也有助于人们在现代市场经济活动中规范意识的形成和对市场秩序的遵守。

第三，儒家所提倡的某些伦理精神还可以成为促进现代市场经济发展的精神动力。这主要表现在如下三个方面：儒家“自强不息”的进取精神可以使企业家坚强面对市场经济活动中的风险与失败，克服万难去创造经营的奇迹；“宁俭勿奢”的节约精神可以增加社会储蓄，为社会扩大再生产提供丰富的资金来源；“重群克己”的合作精神对于培养和形成市场经济条件下的企业精神，促进企业内部的凝聚力，提高企业的生产率和经济效益，有着重大意义。一些学者在研究日本企业与西方企业的不同特点时，发现日本企业高效率的根本原因在于日本员工对企业有着强烈的归属感和责任心，经理与职工、职工与职工之间有一种西方企业所少见的团结合作精神，企业成为所有员工的“命运共同体”，大家都为这一共同体尽心尽力。这些学者认为日本企业这种团结合作精神，正是儒家群体主义伦理传统影响的结果。

第四，儒家的某些伦理规范更是可以直接与现代市场经济某些伦理要求相通。这突出地表现在儒家诚信为本的伦理规范与市场交易中信誉至上原则的一致性上。诚信是儒家为人处世的一个根本准则，孔子讲“人而无信，不知其可”（《论语·为政》）。美国早期政治家、思想家本杰明·富兰克林在《给一个年轻商人的忠告》一书中，论述了信用对于商业经营的特殊重要性，他说，“切记，信用就是金钱”“善付钱者是别人钱袋的主人”。印尼著名银行家、华裔商业巨子李文正也强调信用对于一个企业具有头等重要的意义，他说：“银行家出售的不是金钱，而是信用。”显然，对儒家诚信为本的道德准则的提倡与弘扬，将有利于培养和形成人们在市场交易中的信用意识，而且还能使这种意识升华为一种更加自觉的主体伦理精神，从而使企业信用更加稳定和持久，更有效地促进企业的发展和现代市场经济的完善。

4．互补优化

我们还应该看到，儒家伦理对现代市场经济的意义并不仅限于其同构契合的一面，它们的某些异质方面，也可以在一定条件下与市场经济形成一种相反相成、互补优化的效用，从而规范和促进现代市场经济更加高效、健康地发展。

例如，在义与利的关系上就可以互补优化。市场经济以追求利润最大化为生产者和经营者的直接出发点和目的，这是支配整个市场运行的内在机制和推动市场经济发展的基本动力。但毫无限制的求利行为也可能破坏市场经济的正常秩序，会败坏社会风气，这时候如果用儒家的“义”来引导和规范，使义与利互补优化，使人们形成“君子爱财、取之有道”的观念，引导人们谋利而不背义，显然能促进市场经济更加健康而有序地发展。

再如，在和与争的问题上也可以互补优化。市场经济的另一个内在机制就是竞争。但竞争是一把双刃剑，既是市场发展的动力，也会带来很多负面影响。而儒家的“贵和”思想在一定程度上可以弥补“竞争”带来的某些不足，从而达到互补优化。如果把儒家“贵和”思想引入市场竞争机制中，可以以“和”的生成性来补益争的损耗性，以“和”的规范性来调节争的失序性，以“和”的心态来淡化争的紧张与异化。

又如，如果把儒家情理并重的观念引入市场经济纯理性王国，就可能使市场运行既合理又合情，实现情理互补、情理互动；如果把儒家以人为本的精神引入市场经济中，就可能在一定程度上遏制市场经济中把人物化的倾向；如果把儒家追求超越和理想的精神引入市场运行过程，则将有利于促成人们从现实的市场利欲魔圈中解脱出来，摆脱心灵的空虚与精神的惶惑。

总之，儒家伦理与现代市场经济虽然在总体上存在异质冲突，对市场经济的发展起消极阻碍作用，但在某些方面又存在着同构而可以相互融通，在某些方面则能够相互整合而形成互补优化的效应，从而对市场经济的发展起积极作用。可见，儒家文化及其伦理精神中积淀着的中华民族的优良精神品性和卓越智慧，是可以为我们完善社会主义市场经济提供丰富的精神资源的。中国社会主义市场经济体制也只有与中华民族的文化精神的优良传统结合起来，才有可能获得成功。因为千百年来，儒家文化及其伦理精神已经深深地渗透到中国人民的精神血液里，积淀为我们民族的一种传统心理和行为习惯。我们必须充分地研究和发掘其积极因素，通过扬弃和改造，融汇到社会主义市场理性及其体制的建构中去，以促进有中国特色的社会主义市场经济的有序、健康发展。

三、儒家伦理与现代道德建设

建设有中国特色的社会主义离不开建设有中国特色的精神文明。物质文明和精神文明、经济建设与道德建设，有如鸟之双翼，车之双轮，相互联系，相互促进，缺一不可。精神文明建设的核心内容是道德建设，一个社会的道德水准是衡量该社会精神文明程度的基本尺度。社会主义的道德建设必须继承和弘扬中华民族的优良文化传统。这一判断有两重含义：一是把社会主义道德建设植根于民族的优良文化传统之中；二是要使继承和弘扬传统的过程成为自觉地克服和清除糟粕的过程。

仁爱是儒家道德思想的核心和灵魂，是儒家关于人及人与人的关系的最一般的价值精神。如果剔除其宗法等级意义等具体内容，那么它所包含的人对人的关爱、互助的道德意蕴，是可以融通于现代道德精神之中的。至于现代家庭道德、职业道德、社会公德这三德的建设中，由于其更多地反映了人类行为的共性方面，儒家在这些方面的道德观念确实能为我们提供丰富的可资借鉴的道德文化资源。

1．仁爱与现代道德精神

任何一个社会的道德规范体系都是一个多层次多维度的复杂体系，要把诸多原则和规范整合成一个有机整体，以发挥其功能，必须有一个价值原点作为其灵魂才能实现。中国传统宗法社会的道德体系，是以儒家的“仁”为价值原点来整合的；而现代中国的社会主义道德体系，则是以“为人民服务”为价值原点来整合的。两者在性质上以及各自所以产生的社会结构之相异乃至对立，并没有割断两者在文化渊源上的联系。从孔子提出“仁者爱人”到宋儒的“民胞物与”，从谭嗣同的“仁

博爱（孙中山书）

为天地万物之源”到孙中山的“博爱”，直到今天“仁”的精神升华为我国道德建设的核心“为人民服务”，我们能找寻到贯穿于其中的一条“仁爱”的主线。

我国现代社会主义道德精神，集中体现在为人民服务的核心精神和集体主义的基本原则上。为人民服务和集体主义是互为界说，本质相通的。为人民服务体现了社会主义道德的崇高价值目标和根本宗旨，是一切为人民着想，对人民负责，从人民的利益出发的思想观点和行为准则。集体主义是坚持集体利益和个人利益相结合的价值观念和行为准则。从最一般的意义上说，集体只有以人民群众为主体，并贯穿“为人民服务”的精神时，才是“真实的集体”。因此，为人民服务是集体主义的本质属性、最高表现和核心灵魂；同时，集体主义又是为人民服务的现实表现和行为选择的价值方针，两者在本质上是相通的。它们相互联系、有机统一所构成的社会主义道德精神，我们是可以在儒家的“仁爱”道德思想里找到传统文化的源头的。

第一，“仁者人也”与人性自觉。儒家讲“仁者人也”，这是对人自身存在的觉醒，对人的本质的理解，具有浓厚的人道精神。人的存在是个体性与社会性的双重存在。在儒家看来，对人的社会性存在本质的自觉是前提，由此儒家才建构起以“仁”为核心的道德规范体系，才形成重义轻利、先公后私、杀身成仁等道德精神。尽管儒家“仁爱”思想由以建立的人性基础是从处于宗法等级关系之中的人抽象出来的，但在把人的本质归于社会性这一点上，与“为人民服务”的人性论前提——人是社会关系的总和——是有某种契合之处的。

第二,“仁民爱物”与社会责任。儒家讲仁民爱物、民胞物与,讲德治仁政,讲以身任天下,就是强调人们要尽自己的社会责任。《大学》提出“八条目”,把个人的安身立命与天下兴亡、百姓福祉联系在一起,通过修齐治平,摆脱小我局限,自强不息,刚健进取。范仲淹讲的“先天下之忧而忧,后天下之乐而乐”,顾炎武讲的“天下兴亡,匹夫有责”,这种民族精神的源头在先秦儒家这里就能找到了。孔子孟子就都有一种平治天下“舍我其谁”的气概,这里彰显着的是一种深沉的历史使命感和社会责任感。

第三,“仁者爱人”与利他意识。儒家所谓“仁者爱人”的思维模式是忠恕之道,孔子所说的“己欲立而立人,己欲达而达人”“己所不欲,勿施于人”的基本精神就是要求人们在处理人际关系时,要设身处地地为他人着想,像对待自己一样对待他人,从而把自己固有的德性或自然、合理的感性需求推及于他人,以使自身的德性获得现实性,实现自己的道德完善。这一思维模式的积极因素,在历史的发展中已积淀为中华民族设身处地为他人着想、与人为善、先人后己、宽人严己的优良品格。

第四,“杀身成仁”与牺牲精神。儒家仁爱精神的实质是牺牲精神。在儒家看来,“仁”是人的价值的根本之所在,是人的奋斗目标,它甚至高于个人生命的价值。生命之所以有价值,就在于它能体现、实现“仁”,因而“杀身成仁”所体现的正是人的生命价值的光辉。这一点落实到现实社会生活中就是公私之分,即社会集体利益与个人利益的关系上。儒家是主张先公后私乃至大公无私的。大公无私是牺牲精神的最高境界。大禹治水三过家门而不入，诸葛亮鞠躬尽瘁死而后已，马援“男儿当死于边野，以马革裹尸还葬”，他们之所以被传颂至今，正是因为体现了“杀身成仁”“舍生取义”的牺牲精神。

由“仁爱”所体现的以上这些道德伦理精神，也正是“为人民服务”的题中应有之义。它们两者一个在历史的层面上，一个在现代的层面上，把中华民族的优良的道德精神一以贯之下来，并使之得到时代的高扬和科学的升华。正因为如此，为人民服务、集体主义才充满了生命力，才能够得到我们全民族的认同，成为我国人民道德生活的共同的精神支柱。

2．人伦道德与现代“三德”建设

人类的行为是个性和共性的统一，不论什么时代和社会的人，都存在一些为人处世的共同的要求和最一般的准则，在家庭生活、职业生活和公共生活中尤其如此。儒家在这三个领域的道德思想和实践，作为一种传统的精神资源，对于我们进行现代道德建设是不可忽视的。

第一，儒家的“齐家之道”与家庭道德建设。家庭是人类道德生活的一个重要领域。就人类社会发展以及个人成长而言，家庭关系都是最初的道德关系，因而家庭道德是社会道德的起点，家庭道德建设是社会道德建设的基础。儒家所宣扬的“三纲”（君为臣纲、父为子纲、夫为妻纲），就有二纲是规定家庭关系的；儒家所强调的“五伦”（君臣、父子、夫妇、兄弟、朋友），就有三伦属于家庭关系，而另外两伦其实也是家庭道德的展开，如君臣类比于父子，朋友推衍于兄弟。只有先“齐家”，然后才能“治国”“平天下”。因此，儒家对家庭道德给予了高度重视，进行了大量论证，提出了一整套详尽的行为规范，形成了中国家庭伦理深厚的传统。尽管儒家的家庭道德包含一些落后、腐朽的东西，但其中也有不少合理的、积极的成分：它深化了人类对家庭生活、家庭关系的认识，对于协调家庭关系、促进家庭和睦、培养人的道德品质、造就良好的社会风气起过积极的作用，其中有一些内容至今仍不失其理论和现实的价值。这些内容，已经渗透进中华民族的精神生活之中，形成中华民族优良的家庭生活传统。其中勤俭持家的美德、父教子孝的亲子关系、相敬如宾的夫妻关系、和睦友爱的兄弟关系等等，都对现代家庭道德建设有着良好的借鉴作用。下面我们着重看一下勤俭持家的美德和亲子关系上的合理因素。（夫妻关系和兄弟关系问题可以参看本书第四章的相关介绍）

商品经济社会肯定人们消费的合理性，并不断刺激人们的消费欲望，这是经济发展的必然要求，但它也可能诱发享乐思想，导致纵欲恣行、腐化堕落。今天我们不能要求大家一味地节衣缩食，但也绝不能鼓励放纵物欲。奢侈享乐是对宝贵资源的浪费，是对人类劳动的践踏。而勤俭持家这一美德最重要的价值就在于它节约了资源也就是创造了财富，它表达了对劳动及其成果的极大尊重。

在亲子关系上，传统儒家伦理重视父母对子女的教育，这就超越了生命的自然延续，自觉承担起了传递人类文明的重任。

儒家又强调父慈子孝，无疑又加深了代际亲情，使得中国家庭比西方家庭具有更大的凝聚力和更多的天伦之乐，有利于社会的安定与人际关系的和谐。

第二，儒家的“敬业之要”与职业道德建设。职业是一个人谋生的主要手段，也是一种对社会的责任。在现实生活中，职业活动是人们最主要最基本的社会活动，所以，职业就成为人们道德活动的一个重要领域。职业道德不仅促进了个人道德素质的形成，而且也反映了整个社会的道德风貌。虽然儒家职业道德规范由于其时代条件的限制，而表现出不少的局限性，如技术封锁、眼光狭隘、保守固执等等，但儒家所倡导的忠于职守、诚信无欺、精益求精的职业精神，仍具有重要的现实意义。

忠于职守是职业道德的基本原则。它要求人们在自己的职业岗位上勤奋工作，履行自己应尽的社会义务，其精神实质是把职业当作自己的事业，兢兢业业地为之奋斗，终身不懈。它表现了人们的高度社会责任感和历史使命感，是人们在职业活动中的高尚品德。

诚信无欺是在处理职业关系和职业服务对象关系时的道德要求。它的关键就在一个“信”字，包含了守信、正直、重义三方面的内容。儒家贬低“信于约”的价值虽不能适应当今社会的复杂发展，但它对“信于义”的尊崇，确实充分体现了对人的道德自觉的信心。

精益求精是一种工匠精神，是忠于职守、诚信无欺和人们对职业理想、职业荣誉的执着追求的高度自觉的统一，是在更高一个层次上反映出来的敬业、乐业精神。

第三，儒家的“处世之德”与社会公德建设。人是社会的人，人必须从社会中获得个体的本质性规定。个体不仅从属于某一家庭，或某一行业，更重要的是作为社会一员而存在。因此，维持社会的有序与和谐就是对每一社会成员提出的道德要求。这就是社会公德。儒家关注社会人生，对人与人交往的伦理关系和道德要求做了深入全面的考察，留下了丰富的道德资源。但另一方面，由于传统社会的政治、经济结构相对简单，公共生活领域狭小，因而对现代道德建设而言，儒家对社会公德的思考还是不够的。从这个意义上讲，儒家伦理思想中“私德”发达，而公德欠缺。但传统儒家“自敬敬人”“礼让为先”的精神和行为方式，在适应时代需要，加强现代社会公德建设方面，依然有着十分积极的借鉴作用。

自敬并非自大，而是对主体自身的积极的价值肯定。同时人的价值又绝不仅仅体现于任何单独个体，而是一种类的属性。所以尊重人的价值又必须尊敬他人，不尊敬他人，是对人类价值的不尊敬，也就是对自己的不尊敬。说到底，敬，是在人际交往中对道义精神肯定的表现，要求把相互尊敬建立在道义原则的基础之上，促进健康和谐的人际关系的形成。

如果说恭敬是主体在处理人际关系中的一种道德精神状况和态度，那么礼让则是主体基于这种道德精神状况和态度而表现出来的行为方式。礼指礼貌、礼节，让指辞让、谦让。在人际交往中讲不讲文明，讲不讲礼貌，是一个人道德文化素养高低的试金石。人的本性在于其社会性、道德性，贵德守礼，这是人之为人并高于动物的根本所在。

道德作为调节人际关系的行为规范，必须落实现实的人际关系行为，才具有实际意义，否则都只能是空谈。儒家严己宽人、谦恭礼让等处世之道，就是其伦理精神和道德原则的最终落脚点。由于作为社会公德与其他社会生活领域的道德相比，较少具有阶级、等级的观念，因而它们更加合理地弘扬了儒家伦理道德的积极精神。当然，作为古代社会的道德观念，它们仍然不可避免地带有时代的烙印，如严己宽人和谦恭礼让引申出来的对竞争的否定等等，都属于不符合现代社会发展的落后因素，应该予以摒弃。但是，儒家处世之德所体现的“乐群贵和”的总体精神及许多具体行为规范，包含着许多积极的因素，它们对于我们建设现代精神文明，促进健康、文明的社会风气，形成和谐的人际关系，仍然不失其借鉴的意义。

四、儒家伦理的历史命运

儒家伦理文化是儒家文化乃至整个中国传统文化的主干，它产生和成长于传统社会，并依赖传统社会结构、制度体系和思想观念积极发挥了它的作用。它的历史命运与儒家文化以及整个中国传统文化一样，随着传统社会结构的解体而解体了。但是如此悠久的一种文化传统难道真的已经死去，对现代社会没有了意义和价值？这也正是近代以来思想家们在思考中国现代化道路时所不能回避的一个重要问题。西化论者站在民族虚无主义的立场上，全盘否定儒家及其伦理的价值，否定其再生的可能；与此相反，儒家本位论者则站在文化保守主义的立场上，倡导儒家的“第三期发展”。这两种观点都有失偏颇，既没有尊重也没有正视历史文化发展的规律。合理的态度应该是，根据现代社会实践的需要，用科学的理论和方法来改造、批判和继承儒学，解构它过时的思想体系，拯救它所包含的合理因素，并使之获得时代精神的洗刷和升华，这才是它能够继续存在的社会根据。

1. 关于儒家文化及其伦理的生死判定

中国近代史是充满磨难和艰辛的历史，中国现代化也不是一个单向的历史过程，它是一个古今中外文化冲突和激荡的错综复杂的过程。它始终面临着既要跟上文化的世界潮流，又要保持文化的民族特性；既要学习西方，又要抵抗殖民化；既要肯定自己文化的根底，又要超越自己以往的陈旧传统等，这样一些错综复杂的文化难题。对于儒家文化的不同主张都是围绕解决这些文化难题，寻觅中国现代化的出路所必然出现的。不同的文化理论都主张对西方文化的输入与传播所造成的震荡与冲击作出回应，主张吸纳和学习西方文化以改造自己民族的传统文化，渴望中国文化现代化。但由于它们对中国现代化的路径理解各不相同，它们在怎样向西方学习和如何学习上存在着极大的分歧，在对待传统儒家文化的态度上也如同冰炭，这就决定了它们的理论构建及对儒家当代命运有不同判定。由于儒家伦理是儒家文化的主干，某种意义上对于儒家文化的判定主要是通过对儒家伦理的分析和考察得出来的，所以各种文化理论对于儒家文化命运的判定都同样适用于儒家伦理。

对于儒家文化及其伦理，西化派说“死”，现代新儒家说“生”，马克思主义者则超越了就文化论文化的生死，这三种主张都带有强烈的民族主义情绪。在他们那里，救亡图存、振兴中华成为压倒一切的共同关心的主题。不仅如此，三种主张都希望中国走出中世纪，迈向现代化，并建设起与现代化相适应的中国文化。尽管这三种主张具有相同的历史背景和理论动机，但它们之间的分歧是全面和深刻的。

从根本上说，这三种主张代表着三种现代化模式的不同选择和冲突。自由主义的西化派指出儒家伦理道德是造成中国衰败落后的根本原因，需要彻底批判和打倒，主张因袭照搬西方文化和死心塌地地去学习和吸纳西方伦理文化，并认为西方式的个人本位主义和功利主义就是中国现代化的有机构成或必由之路。中国只有走西方文化现代化的道路，才能解放中国的民族精神，造成“有人味的文明社会”，实现中华文化的重建。

现代新儒家则批判了西化派所谓中国现代化即是西方化的观点，向往一条东方式文明的新路子，即在弘扬儒家义理之学和心性之学的基础上吸纳西方文化中自由、平等、博爱的思想，实现返本基础上的开新。因此，现代新儒家的现代化是力图在保持以中国传统儒家文化为本体和主导地位的基础上来接纳和会通西方文化，从而实现由传统文化向现代文化的自我转型或转化。

马克思主义在反对现代化就是西方化或东方伦理化的斗争

中，从社会存在决定社会意识的唯物史观出发，遵循文化传承发展的自身规律，主张将先进的西方伦理学说与中华民族固有的优秀道德思想结合起来，走建设有中国特色的社会主义文化的现代化之路，即建设一种以马克思主义伦理观为核心，批判地继承民族传统伦理和西方乃至全人类一切优秀的伦理文化，立足本国又面向世界的高度发达的新的社会主义伦理文化。

2．作为文化资源的儒家伦理

在一个与传统社会迥异的全新性质的社会里，现代新儒家所谓“返本”——以传统儒家文化为本，是不可能开出现代化的“新花”来的，也不能指望所谓儒家第三期发展会带领中国文化现代化。而像西化派那样人为地割断与传统文化本来割舍不了的历史联系，实行全盘西化，想以此实现民族文化的振兴，那也是不可能的。合理的主张应该是：用科学的理论和方法来改造、批判、继承儒家文化，使它在新时代获得新的发展。这是马克思主义的主张，其实质是把儒家文化及其伦理当作一种文化资源，来建构一种新时代的新的文化价值体系。

传统儒家文化及其伦理是在传统社会中产生的，它的优缺点和正负两方面的价值都是通过相应的社会条件才得以显示出来的。同样，要使它对于新时代依然有它的意义和价值，也就是说要使它能真正发挥一种文化资源的作用，也是必须有相应的条件的。

第一，发扬民族精神，弘扬优秀传统。

儒家文化及其伦理作为文化资源继续发挥作用的前提和基础，是作为这个文化之载体的民族的存在和发展。一个民族的生存包括了民族的文化生命的存在。一个民族的振兴和发展，不仅是政治、经济上的发展，而必然包括民族文化的振兴和发展。数千年的文化，经历代先人的承传、弘扬、积淀成深厚的文化传统，深入民族心理、民族性格之中，形成了中华民族的民族精神。在中华民族精神形成的历史进程中，儒家文化及其伦理作为传统文化的主干做出了自己重要的贡献。可以说，中华民族精神的生命特质，就凝聚了儒家文化及其伦理的精华。反过来，民族精神又是儒家文化生命存在的丰沃土壤。关于儒家文化及其伦理与中华民族精神的关系，我们在本章第一节作了集中的介绍，可以参看。

当然，中华民族的精神是中国文化整体面貌的集中反映，除了儒家文化及其伦理的孕育外，还有其他文化因素的滋养。由于儒家文化及其伦理在中国传统文化中处于主导地位，它对于中华民族精神、优良传统的形成，无疑起着最为重要的作用。因此，中华民族精神的存在和发扬，必然要求儒家优秀文化及其伦理传统的存在和发扬，因为儒家优秀传统是民族精神的“根”与“魂”。我们只有守住了这个“根”和“魂”，才有可能发掘出儒家文化及其伦理传统作为文化资源的积极价值来。

第二，转化和发展儒家伦理，应对社会发展的挑战。

在弘扬民族精神和优秀传统文化的前提下，要使儒家文化及其伦理在现时代更广泛地发挥作为文化资源的积极价值，就必须以儒家文化及其伦理能够回应各种时代挑战作为现实条件。这些挑战主要是来自西方文化以及解决中国现代社会中的现实问题这两个方面。

儒学演变的历史表明，儒学是一个具有较大包容性和开放性的思想体系，它能够较好地适应当时社会理论思潮的挑战而进行一定程度的自我调整和更新。每一次儒学新形态的形成，如董仲舒儒学、宋明理学、明清实学等，无不是应对不同文化和理论的挑战而建构起来的。因此，它也是可以回应西方文化的挑战的，不过由于社会结构和性质的变化，这种回应决非简单的"返本开新"。除了应对新文化和理论的挑战，传统儒家文化及其伦理还必须能应对现代社会发展过程中所产生的现实问题，否则它对现实就不会有意义和价值。这一点现代新儒家的学者们作了很多努力，他们找出了不少西方的现代病，并且试图以儒家文化及其伦理来医治，不少西方学者也持有这样的思路。同样，在应对这种挑战的过程中，应该也是不能通过"返本开新"来实现，而只能是发掘它作为文化资源的价值。

这就是说，要使传统儒家文化及其伦理对于现代社会依然有它的意义和价值，不可能通过整体恢复儒家文化及其伦理来实现，而必须立足于改造社会的实践，对儒家思想体系进行解构和革命性的改造，使之在当代社会获得创造性转化和创新性发展，才可能汲取它的活性因素和作为文化资源的养分。

儒家文化及其伦理作为几千年来中国传统文化的主干，在一定程度上积淀了千百年来中华民族在社会生活、道德生活实践中的特有智慧与历史经验，包含不少真理性的要素，这些要素作为我们民族的优良传统至今仍然具有生命力。

第三，立足社会现实，注重体制建设。

对于传统文化与西方文化的吸收、转化、利用和熔铸的过程不只是一个纯粹的理论思辨过程，也是立足于现实社会人生，从时代的课题出发，进行现代化建设的实践过程。无论在政治法律领域、经济领域，还是文化领域，儒家文化及其伦理作为一种文化资源，在当代要实现其作为经济增长的潜在动力，政治整合的精神遗产和意识形态的再生资源，继续发挥它的积极作用，必须要以相应的体制建设为前提条件和现实基础。

这就是说，要使儒家文化及其伦理发挥现实的作用，一个重要的环节和条件是必须要有相应的体制。以儒家伦理与现代市场经济的关系为例，我们就不能不反思这样一些问题：为什么儒家伦理文化在唐末传入日本，却只是在近现代才成为日本经济发展的精神动力？为什么儒家伦理与早期资本主义市场经济格格不入，却对当代市场经济能发生积极作用？等等。对于这些问题的思考使我们认识到：一是文化并不是经济发展的决定因素，二是一定文化对经济发展的作用取决于一定的体制条件。文化是一种“软件”，只有在一定体制的“硬件”中，才能发挥其应有的作用。体制是文化作用于经济的一个根本环节和条件。在不同体制条件下，同一文化发挥作用的性质、功能及其方式都是不一样的。儒家伦理文化只是到了近现代，才对日本及亚洲“四小龙”的经济发展发挥出积极作用，从根本上说是因为只有在这个时候，某些国家和地区才建立起了适合于儒家伦理文化对市场经济发挥作用的体制条件，特别是现代企业制度、民主政治和法律制度等等。

一般说来，体制在文化功能的发挥中所起的作用主要体现在以下几个方面：一是一些文化的积极功能只有在一定的体制条件下才能发挥出来。如儒家以人为本的思想，在专制制度下是不可能实现的，只有在民主制度条件下才可能成为现实。二是有些文化因素只有在与一定的体制条件相结合中才成为积极因素。如儒家群体本位主义，在传统专制制度下往往成为压抑个体能动性、扼杀人的个性的思想工具，而在现代市场经济体制下却可以成为团结合作精神的思想基础。三是一定文化的消极因素也只有在一定体制条件下才可能被抑制。如等级特权观念只有在开放的市场经济条件下才可能被抑制。

根据对儒家伦理和现代市场经济特性的反思和对日本、亚洲“四小龙”、海外华商等事实的考察分析，我们大致可以作出这样的判断：在规范和开放的制度条件下，儒家伦理可以对市场经济的发展发挥积极的作用。这就是说，规范的体制条件可以扬儒家伦理对经济发展起积极作用之长，开放的体制则可以抑其对经济发展起消极作用之短。

具体说来，规范的体制与儒家伦理重视规范的意识是有其一致性的，儒家提倡的一些基本的伦理精神也只有在规范的条件下才可能实现。如儒家“以义取利”、诚信为本、群体至上和互助合作等精神，在缺乏规范、放任自流的体制条件下是不会发生什么作用的。而在规范的体制条件下，儒家所提倡的那些伦理精神，不仅可以融会于现行体制中，而且这种精神的发扬将可以激发主体能动精神，大大降低交易成本，提高经济效益。

同时，在开放的体制条件下，儒家一些不利于市场经济发展的因素也将被抑制和克服，如儒家的等级观念、保守倾向、平均主义等就是如此。事实上，在开放的条件下，广泛的交往必将打破保守的倾向，开放的机会也可以破除等级观念，而开放的自由竞争则可克服平均主义倾向。相应地，开放的体制条件也会有利于儒家以人为本、自强不息等精神的弘扬，使之成为促进经济发展的动力。

可见，规范和开放的体制条件，既可能促进儒家伦理活性因素的发挥，又可能抑制其消极作用，从而促进儒家伦理与现代社会的同构契合和互补优化。应该说，规范和开放是现代社会的必然要求。因此，通过扬弃和改造，儒家伦理中的精华部分是可以和社会主义相融通的，并最终使其作为一种积极的文化资源参与新时代新文化体系的建构，从而发挥它对于当代社会人生的积极作用。

后记

本书于2011年初版，不觉已有九个年头。去年我们欣喜地获悉，经专家评议和推荐，本书进入了“中国文化著作翻译出版工程”。能为儒家伦理文化走向世界尽自己一点绵薄之力，我们感到很荣幸。

山东教育出版社准备再版此书，希望我们作些修订。此书初版以来，这么多年，儒家伦理文化方面的学术研究有了新的进展，我们想趁此机会，一方面改正一些文字表述上的不准确或不妥之处，一方面在内容上作些完善。由于体例所限和出版社的要求，这次也不能作大的修订。我们经过讨论，在内容上决定主要在三处加以完善。第一处在第二章《心性与德性》第二节《心性之思：关于道德的形上学》。为了吸收近年来对于儒家“仁”的思想的研究成果，我们增加了关于“仁”的本体论的思想内容，以丰富和加深对于儒家心性思想之哲学基础的理解。第二处在第五章《五常与做人》第一节《仁者爱人》。我们增加了“仁德为首”和“仁包诸德”的内容，以突显仁义礼智信五常中“仁”的首要和根本地位。第三处在第六章《原则与方法》第四节《经权之间》。我们对此节作了改写，以期更深入地理解和把握儒家伦理思想史上的“经权关系”问题。

本书主要是在中国孔子基金会的支持、组织和指导下撰写的，此次的修订再版，多承出版社舒心同志和其他相关人士的敦促和理解，谨此向他们表达由衷的敬意和谢意！

最后需要说明的是，由于时间仓促，此次的修订，以及不曾修订到的文字，一定依然存在不当和不妥之处，恳请方家和广大读者朋友继续批评指正。

作者

图书在版编目(CIP)数据

成人之道 ：儒家伦理文化／唐凯麟，陈仁仁著 ．— 济南 ：
山东教育出版社，2020．5
（儒家文化大众读本／梁国典主编）
ISBN 978-7-5701-0732-2

Ⅰ．①成… Ⅱ．①唐… ②陈… Ⅲ．①儒家－伦理学－
通俗读物 Ⅳ．① B82-092 ② B222-49

中国版本图书馆 CIP 数据核字（2019）第 164960 号

RUJIA WENHUA DAZHONG DUBEN
CHENGREN ZHI DAO——RUJIA LUNLI WENHUA

儒家文化大众读本
成人之道——儒家伦理文化 唐凯麟 陈仁仁／著

主管单位：山东出版传媒股份有限公司
出版发行：山东教育出版社
地址：济南市纬一路 321 号 邮编：250001
电话：(0531) 82092660 网址：www.sjs.com.cn
印 刷：山东临沂新华印刷物流集团有限责任公司
版 次：2020 年 5 月第 1 版
印 次：2020 年 5 月第 1 次印刷
开 本：720 mm×1020 mm 1/16
印 张：17．5
字 数：180 千
定 价：79．00 元

（如印装质量有问题，请与印刷厂联系调换） 印厂电话：0539—2925659